# L'avenir commence en banlieue

**Du même auteur**

*Algérie, généalogie d'une fatalité* (Des réfugiés se racontent)
Paris-Méditerranée, Octobre 1998

Cet ouvrage a reçu le soutien du Centre National du Livre.

**Hacène Belmessous**

# L'avenir commence en banlieue



**L'Harmattan**
5-7, rue de l'École-Polytechnique
75005 Paris
FRANCE

**L'Harmattan Inc.**
55, rue Saint-Jacques
Montréal (Qc) CANADA
H2Y 1K9

**L'Harmattan Hongrie**
Hargita u. 3
1026 Budapest
HONGRIE

**L'Harmattan Italia**
Via Bava, 37
10214 Torino
ITALIE

***Collection* Questions contemporaines**
*dirigée par J.P. Chagnollaud, A. Forest, P. Muller, B. Péquignot et D. Rolland*

**Déjà parus**

Antoine DELBOND, *Éloge de la fraternité. Pratique des solidarités*, 2000.
Jean GIARD et Daniel HOLLARD, *À la recherche du citoyen*, 2000.
Charles DURIN, *Psychologie et sociologie du fascisme*, 2000.
Olivier LLUANSI, *Du projet européen*, 2000.
Gilles MARIE, *La solution passe par l'erreur,* 2000.
Frédéric MONNEYRON, *La nation aujourd'hui,* 2000.
Bertrand de KERMEL, *Libéralisme et pauvreté,* 2000.
Laurent HOTTIAUX et Joanna LIPONSKA-LABEROU, *La politique européenne de défense*, 2000.
Noël CANNAT, *Pour un tissu social vivant. La réduction des distances*, 2000.
Yves CITTON, *Portrait de l'économiste en physiocrate. Critique littéraire de l'économie politique*, 2000.
Jean TERRIER, *Vers une démocratie universelle*, 2000.
Barbara WALTER, *Le droit de l'enfant à être éduqué*, 2001.
Christine TREBOUET, *Habitat social et capitalisme,* 2001.


ISBN : 2-7475-0863-3

## Avant-propos

Le pire ne serait pas toujours incertain. Tous ceux qui s'intéressent à la question urbaine soulignent depuis quelques années leur crainte d'une banlieue populaire dangereuse pour la nation. Relayée par un grand nombre de médias qui peinent à retranscrire un sujet qui les déconcerte, « la peur des banlieues » a gagné en intensité à l'entame de ce nouveau siècle. La pérennité du festival des voitures brûlées dans les quartiers en difficulté strasbourgeois le soir de la Saint-Sylvestre, la violente explication un samedi de janvier 2001 entre deux bandes des Yvelines dans un centre commercial de La Défense et la forte hausse des statistiques générales de la délinquance pour l'année 2000 sont autant de signes « objectifs » qui prouveraient la dégénérescence de ces territoires. Dans cette perspective, posons le problème : est-ce que la banlieue menace le pays ? De nombreux corps constitués (police, justice, élus, etc.) soutiennent cette opinion. Et de faire la preuve que la banlieue épuise le pays en usant d'arguments massue. Ils estiment tout d'abord qu'elle créerait le chaos à l'école : ses enfants ne sauraient ni lire, ni écrire, sortes de monstres qui se livreraient quotidiennement à des disputes claniques. Ils affirment ensuite qu'elle vivrait au crochet de la société qui travaille : ses habitants s'entasseraient dans les salles d'attente des services sociaux, des bouches pâteuses enivrées par des overdoses de RMI. Plus grave, enfin, ils jurent qu'elle puerait la mort : celui qui a le malheur d'y résider risquerait la disqualification, puis la relégation et pour finir, l'extinction.

Le fondement sociologique de pareils jugements importe peu. Pour définir la banlieue aujourd'hui, - précisons que dans le langage courant, ce terme désigne les communes à fort pourcentage de logements HLM et de populations immigrées -, nul besoin de marquer ces territoires des stigmates de la fustigation. Entre la banlieue populaire et le reste du pays, se dressent désormais des frontières infranchissables. Pour s'en convaincre, il suffit d'observer les réactions d'une grande partie de l'opinion au moment de la présentation, au printemps 2000, de la loi Gayssot-Besson sur la « solidarité et le renouvellement urbains ». Contre la ségrégation territoriale, les deux ministres du gouvernement Jospin souhaitaient obliger les villes abritant peu (ou pas) de logements sociaux à rattraper leur retard, sous peine de fortes amendes. Une association de Neuilly-sur-Seine avait demandé à son maire, Nicolas Sarkozy, de payer l'amende plutôt que d'accueillir des populations indésirables dans la ville. Les maires des communes déficitaires poussèrent eux aussi des cris d'effroi. « Pourquoi croyez-vous que les gens veulent habiter Nogent-sur-Marne (Val-de-Marne), demandait Estelle Debaecker, maire (UDF) ? Parce qu'ils y trouvent une certaine qualité de vie et qu'ils n'ont pas envie de se faire agresser à chaque carrefour. C'est aussi simple que cela. Cette loi, poursuivait-elle, aurait pour conséquence de créer dans notre commune les mêmes phénomènes que dans les banlieues difficiles ». Qu'en penser ? Un vieux proverbe anglais affirme que « la richesse amassée est un fumier puant; (et que) la richesse répandue est un engrais fertile ». Cette élue de la République tenait des propos qui déshonoraient sa fonction. D'autant que ces déclarations sentencieuses sont de puissants producteurs de ségrégation territoriale. La censure par le conseil constitutionnel des dispositions contraignantes du projet l'aura heureusement rassurée.

Disons-le tout net : il n'y a pas aujourd'hui un problème de « banlieue » mais plus sérieusement un problème « France ». Parce qu'elles souffrent plus que les autres communes du territoire des effets du délitement du modèle français, les banlieues populaires doivent supporter des accusations injustifiées. Ce « mal » des banlieues dont on nous rebat les oreilles depuis vingt ans n'est rien d'autre que la traduction avec une intensité décuplée des conséquences de la rupture d'équilibre qui s'est opérée entre les différents groupes sociaux qui composent le socle commun. En cela, l'école publique est un bon indice pour mesurer cette désagrégation. Longtemps, elle a accueilli les enfants des classes populaires comme ceux des classes moyennes. Or, on observe ces derniers temps des velléités de repli social chez les classes moyennes. Elles préfèrent inscrire leurs enfants dans une école privée plutôt que de les voir côtoyer les enfants d'origine étrangère. Faut-il s'étonner de ce que ces mêmes parents expriment aussi le désir de vivre dans des quartiers vigilisés à l'écart des étrangers et des pauvres ?

## Canaliser les révoltes

Promoteur de toutes les qualités dans les années 80 (d'inventivité culturelle, d'engagement militant, etc.), la banlieue populaire endure les pires réquisitoires. Pourquoi ? Parce qu'elle a le malheur de témoigner de nos désordres intérieurs, - elle renforce en effet l'impuissance scolaire, l'émiettement du travail, l'altération de la politique et la disqualification de certains médias. Cet ouvrage veut dénoncer cette injustice. Fruit de nombreuses années d'enquêtes, il s'appuie aussi sur des expériences hors média. Quatre fois durant, j'ai revêtu les habits anonymes de l'animateur de quartier : à Mantes-la-Jolie (de novembre 1990 à mars 1991), à Argenteuil (en juillet et août 1994), à Rueil Malmaison (en juillet et août 1995) et à Aulnay-sous-Bois (en juillet et août 1996). A une époque où il est de bon ton de se référer aux universitaires pour formuler les problèmes cruciaux de notre temps, il me semble que le journalisme ne doit pas s'interdire ces postures d'observation du réel. Ma connaissance des banlieues populaires m'a incité à expérimenter ces pratiques car le désaveu qu'encoure la presse dans ces lieux est tel, qu'y enquêter tient parfois de la gageure. En outre, un certain nombre de jeunes habitants ont intégré le langage de l'information et les codes d'accès de la presse écrite et parlée.

Ceux-là instrumentalisent leur révolte (réelle) en offrant aux médias les images qu'ils attendent. D'autres (jeunes habitants, militants associatifs, travailleurs sociaux) souhaitent leur interdire l'accès de ces quartiers. « Je crois que vous avez compris que nous n'avons plus rien à vous dire, m'a dit il y a quelque temps le responsable d'un groupe de médiateurs de la commune de Vaulx-en-Velin. Aujourd'hui, les gens ne veulent plus parler aux journalistes. Même si vous me semblez honnête et même si je n'ai rien contre vous. » Notre rencontre n'était pourtant pas hasardeuse. Mon interlocuteur avait préalablement accepté de m'écouter ; mieux : de me servir de guide. Pour contourner cet écueil, il convient donc d'usurper son identité professionnelle dans certains cas. Toutefois, traquer l'information ne signifie pas trahir des confiances au profit du désir d'informer.

Parce que la « banlieue » est aux yeux d'un grand nombre d'éditeurs un sujet rentable, les ouvrages qui la racontent souffrent souvent d'inconsistance, la forme prévalant excessivement sur le fond. Il nous semble que les banlieues populaires n'ont que faire d'une énième version sur la violence dans les quartiers, - elle sera traitée ici dans sa dimension globale. Pour notre part, nous aurons l'ambition appliquée de répondre à une question essentielle de notre point de vue : quel avenir pour les banlieues populaires ? Cette question réclame une réponse depuis l'été 1981. Malheureusement, vingt ans après les émeutes des Minguettes (Vénissieux), l'Etat préfère encore canaliser les révoltes et appauvrir les rêves de générations à qui il ne reste souvent plus que la rage pour s'exprimer. Va-t-il déclarer forfait et abandonner ces communes à leur triste sort ? Nombre d'élus rêvent tout haut d'effacer de leur mémoire les traces de ces kilomètres de HLM et demandent à l'Etat d'engager un gigantesque programme de démolition. L'hypothèse la plus vraisemblable est le pourrissement de la situation, d'autant que le retour de la croissance économique n'a pas rétabli le cours des choses comme un certain nombre d'acteurs socio-politiques l'avaient certifié. Plus grave, le retour à l'emploi d'une part importante de la population accroît les insuffisances de notre société. Aussi, le temps est désormais à l'inquiétude. La peur des banlieues obsède les gouvernants. Au pouvoir depuis juin 1997, le Premier Ministre, Lionel Jospin, a attendu le mois de janvier 2000 pour se rendre dans un quartier inscrit dans la politique de la ville alors qu'il s'était jusqu'alors précipité dans plusieurs colloques sur la violence urbaine. Seulement, s'il a raison de se mobiliser contre ce phénomène, sa propension à détourner la tête devant les causes des révoltes juvéniles et à ne donner la chasse qu'aux seuls « sauvageons » est sujette à caution. Révélerait-elle une répugnance de classe à regarder en face le désespoir dans lequel se trouvent ces jeunes ? En outre, est-ce que la politique ne serait que maintien de l'ordre au cœur d'un système putride sous couvert du droit à la sécurité ?

L'ultime question abordée dans cet ouvrage est d'importance: est-ce que la notion de vivre ensemble a encore un sens ? En 2001, les sentiments d'appartenance à un quartier, à une religion ou à une communauté de culture contestent dangereusement l'identité collective. Signe emblématique de ce processus différentialiste, l'extraordinaire développement des lotissements privés. Les entrées y sont multisécurisées (télésurveillance, vidéosurveillance et vigilisation des accès), et les résidents sont sélectionnés selon des critères socio-économiques. Les promoteurs immobiliers ont d'ailleurs compris tout le bénéfice financier qu'ils pouvaient tirer de ces tentations séparatistes. A Bergerac (Dordogne), par exemple, une nouvelle ville sera créée de toutes pièces par le groupe Georges V. Est-ce la manifestation de l'américanisation définitive de la société française ? A y regarder de près, nous sommes au bord de ce dangereux toboggan. Allons-nous nous-y laisser glisser sans réagir ?

## Chapitre 1

### *Les lieux de divergence : l'école*

L'école est le service public le plus proche des habitants vivant dans les endroits fragiles de l'hexagone. Alors que 90 % des banlieues populaires ont une école maternelle ou primaire, 60 % d'entre elles possèdent un bureau de poste, 30 % un commissariat ou une antenne de police et 25 % une mairie annexe. Aussi, la crise de la ville ne pouvait pas ne pas avoir de répercussions sur l'institution scolaire. Que constate-t-on ? Depuis plusieurs années, l'école est soumise aux lois de la violence, bousculée à la fois par des parents querelleurs, des jeunes frondeurs et, suprême supplice, par un Etat insuffisant et irrésolu. Plus grave : ainsi que le souligne le Haut Comité de la Santé Publique dans un rapport sur la précarité en France et ses effets sur la santé, ce « grand oeuvre » de la Troisième République a échoué à remplir sa mission d'éducation pour tous, de promotion sociale pour les enfants de toute origine et d'intégration des plus défavorisés. Malgré l'allongement général de la scolarité et une offre d'école à tous les enfants, une sélection sociale implacable continue à s'opérer. Si de 1962 à 1980, le nombre de bacheliers s'est fortement accru et si toutes les couches sociales ont profité de cette augmentation, l'écart s'est maintenu entre les jeunes selon leur origine sociale, tout en alourdissant les conséquences. Une étude du ministère de l'Education Nationale montre que 77,8 % des enfants de cadres supérieurs entrés en sixième en 1980 ont obtenu le baccalauréat, soit 20 % de plus qu'en 1962. 25 % des enfants d'ouvriers entrés en sixième en 1980 décrochaient ce diplôme contre 12,4 % en 1962. Ce taux s'abaisse lorsqu'on observe les chances de réussite des enfants dont les parents sont inactifs. 17 % des entrés en sixième en 1980 sont devenus bacheliers contre 9,3 % en 1962.

Le jugement de réalité est terrible : l'école s'était imaginée en structure efficace et équitable. Or, elle est devenue un amplificateur de précarité. En outre, parce que ses portes sont ouvertes à tous, l'échec scolaire est aujourd'hui fortement stigmatisé et assimilé à une incapacité psychologique à s'inscrire dans le champ de l'apprentissage. Bien entendu, ce phénomène d'élimination par la culpabilisation (celui qui échoue serait fautif parce qu'il avait les mêmes chances que celui qui a réussi) est insidieux et perfide. Dès lors, faut-il s'étonner de ce que des voix exigent de l'école qu'elle se transforme en garant de l'ordre moral, et donc en défenseur de l'ordre social ? Ce sont du reste ces mêmes consciences intègres qui réclament aujourd'hui le retour de l'instruction civique dans les programmes scolaires. Reste cependant à ne pas se méprendre. L'école de Jules Ferry a toujours été un lieu d'apprentissage effectif de la vie morale. L'instigateur de l'école « laïque, gratuite et obligatoire » ne déclarait-il pas, dans un discours à la chambre des députés, que si « plus tard devenus citoyens, les enfants seront peut-être dogmatiques, ils seront du moins d'accord dans la pratique pour placer le but de la vie aussi haut que possible, pour avoir la même horreur de tout ce qui est vil, la même admiration de ce qui est noble et généreux, la même délicatesse dans l'appréciation du devoir, pour aspirer au perfectionnement moral, quelques efforts qu'il coûte, pour se sentir unis dans ce culte général du bien, du beau et du vrai qui est aussi une forme, et non la moins pure, du sentiment religieux. »

**Une crise ancienne**

La crise de l'école est un phénomène ancien. Déjà, en 1975, le ministre de l'Education de l'époque, René Haby, posait le même diagnostic. « L'école est en crise, clamait-il à l'occasion de la présentation de sa réforme aux parlementaires. (...) Elle n'est plus le lieu privilégié de l'acquisition et de la transmission du savoir pour une élite sociale. Elle devient le point de convergence des revendications. L'enseignement s'applique désormais à une gamme plus large d'objectifs politiques que dans le passé. Sans se soucier de savoir si sa nature le permet, on lui impose le devoir d'égalisation des chances. L'école n'est plus seulement un service public culturel : elle devient un service public social. Or, elle n'est pas prête à assumer ce rôle nouveau » regrettait alors le père du collège unique. Six ans plus tard, en mai 1981, Laurent Schwartz établissait un constat bien plus alarmant. « Que se passe-t-il dans les collèges aujourd'hui, demandait-il ? Beaucoup ont de très graves problèmes, avec des enfants d'immigrés ou d'un sous-prolétariat très opprimé, qui ne savent pas bien lire, parler, écrire et sont mélangés aux autres dans des classes très hétérogènes. Beaucoup n'ont aucun problème social, mais ont un bon nombre d'enseignants mal préparés, qui donnent des enseignements dans des matières qu'ils ne maîtrisent pas. » Deux décennies plus tard, le désarroi scolaire est de même nature. Le jeu de surenchères dont l'époque raffole, - l'école vit une détresse sans pareil, entend-on de toute part -, ne doit pas nous cacher ce constat. Seulement, la crise de la ville a amplifié ce trouble et mis l'institution scolaire au cœur des bouleversements du corps social.

Disons-le d'emblée : il est tout à fait illusoire de croire que l'école puisse se préserver des tempêtes en cours. L'école n'est pas un sanctuaire. Prétendre le contraire, c'est lui faire perdre à coup sûr ses trois objectifs fondamentaux : être un lieu de vie et de rencontre, un espace de diffusion du savoir et un élément de cohésion sociale. A ce stade, il convient de distinguer l'école des banlieues populaires des autres. On ne peut, en effet, assimiler le travail d'un enseignant oeuvrant dans un collège du Val Fourré à Mantes-la-Jolie à celui d'un professeur exerçant dans un établissement de Versailles. S'ils sont tous deux sous l'autorité de l'académie des Yvelines et doivent tous deux composer avec un programme identique, ils n'exercent pas, dans la réalité, le même métier. Le pédagogue versaillais mesure les difficultés rencontrées par une institution qui forme des jeunes à l'avenir professionnel incertain. Il n'en demeure pas moins un personnage à la fonction plutôt respectée et à l'autorité encore reconnue. Le fonctionnaire mantois est, lui aussi, confronté aux confusions de l'école quant à son incapacité à servir de tremplin professionnel aux élèves qu'elle accueille. Mais il doit prendre en compte d'autres données : la déstructuration des familles, la persistance du chômage, les ségrégations ethniques et sociales. Enseigner dans une banlieue populaire réclame d'autres motivations que celles exigées lors des examens d'entrée aux IUFM (Institut universitaire de formation des maîtres) . La maîtrise des programmes, le dynamisme et la générosité, des qualités assurément primordiales, ne suffisent pas ici. Il faut leur joindre des talents moins perceptibles : une grande disponibilité, un art aigu de l'adaptation aux nouvelles circonstances sociales, une passion aveugle et un sang-froid de tous les jours. De nombreuses équipes éducatives répondent à cette « grille » qualitative. Mais tout aussi nombreuses sont celles qui manifestent découragement et lassitude devant l'ampleur croissante de leur tâche, la lenteur des progrès de leurs élèves, le désengagement de quelques collègues et la faiblesse des salaires octroyés. Est-ce que tous les enseignants peuvent exercer dans les villes en crise ? La réponse est non. Les témoignages de directeurs d'établissement effarés par l'inaptitude d'un grand nombre d'entre eux ne manquent pas.

Responsable pendant dix ans d'une école primaire inscrite en ZEP (Zone d'Education Prioritaire) en banlieue parisienne, Nicole Revard (Note de l'auteur : il s'agit d'un nom d'emprunt) s'élève contre ces incapacités quand elle jette un regard sur ses années banlieusardes. « Lorsque je suis arrivée dans cette école, se souvient-elle, l'établissement était dégradé physiquement. Les parents investissaient l'école comme bon leur semblait, les instituteurs les recevaient n'importe où : devant la porte d'entrée, dans les salles de classe, dans les couloirs. Il y avait souvent des bagarres entre les enfants, parfois même entre les parents et les enseignants. Au bout d'une année, j'ai réussi à ce que le lieu soit plus vivable. Heureusement, que les nouveaux instituteurs ont accepté de jouer le jeu. Il y avait un noyau d'anciens qui étaient en place depuis une quinzaine d'années et qui ont tout fait au début pour me mettre en échec. Ils sont même allés jusqu'à mener une action syndicale contre moi pour que je sois virée de l'établissement. En vérité, ce qu'ils n'appréciaient pas, c'est que je remettais en cause leur confort et leurs manières désinvoltes de se comporter à l'égard des parents et des enfants. Ils étaient par exemple souvent en retard. Je ne concevais pas qu'on arrive à neuf heures dix quand le cours démarre à neuf. Evidemment, ils se soutenaient sans cesse avec des arguments stupides, du genre « ah ! la pauvre, elle a un gosse, elle peut pas être à l'heure ». Je me rappelle d'une fois où je m'étais retrouvée avec deux suppléants pour quinze classes. Il était quatorze heures dix quand les instituteurs sont arrivés. Les parents, les grands frères et les grandes sœurs se demandaient ce qui se passaient. Les instits retardataires n'ont rien trouvé à dire que : « nous étions en train de manger avec l'ancien directeur, on a pas vu l'heure ». J'ai dû organiser le soir même un conseil de maîtres. Il y avait urgence à cadrer les choses. » Dans son jugement, Nicole Revard se montre sévère envers les enseignants expérimentés. « Je crois, dit-elle, que c'était des gens paumés et qui, inconsciemment, s'identifiaient aux gens avec lesquels ils travaillaient. Puisque ce sont des gens de banlieue, on peut les traiter n'importe comment. Le drame, c'est que les nouveaux, s'ils n'étaient pas dans cet état d'esprit, avaient peur des enfants et arrivaient avec des schémas préconçus sur la banlieue. Ils avaient la trouille. Quant à ceux qui vivaient en banlieue et qui avaient réussi, ils débarquaient souvent en missionnaires. Parfois, ils obtenaient des résultats. Pas tout le temps. Alors, ils devenaient très malheureux devant la difficulté de la tâche. Ils ne manquaient pourtant pas de courage. »

Que retenir de ce témoignage ? Un point mérite d'être souligné parce que souvent tu : trop d'enseignants de ZEP se dépensent avec une grande économie, s'attachent à dispenser des cours en piétinant toute méthode pédagogique au nom de la difficulté d'enseigner en banlieue. Le prétexte est simpliste. L'actualité regorge de ces discours-refuge derrière lesquels un bon nombre de « pédagogues » s'abritent lorsqu'il s'agit d'évoquer leur fonction. Parfois, certains s'égarent et laissent entrevoir une réalité méprisable. Ainsi, un collectif d'enseignants d'un collège de Montreuil (Saint-Denis) n'hésita pas en mars 1998, dans une tribune publiée dans le quotidien *Libération*, à rapprocher les ZEP à des « zones d'éducation pourries » ou des « zoos pour éléphanteaux perdus ». La fatigue d'une longue grève pouvait expliquer cette dérive verbale. Le conflit avec leur ministère avait duré plusieurs semaines. Il n'empêche, le procédé est monstrueux. Que peut penser le père ou la mère d'un enfant inscrit dans une école inscrite en ZEP à la lecture de cette formule ? Evidemment, nous objectera-t-on, ces familles ne lisent pas la presse nationale. Tout de même ! Qui aurait envie de mettre son enfant dans un établissement méprisé ? Ces enseignants ne peuvent exiger des pouvoirs publics davantage de signes de reconnaissance (légitime) pour la qualité de leur travail et tenir dans le même temps un langage de dédain. Est-ce parce qu'ils sont contraints d'enseigner à des enfants qui ne répondent pas à leur idéal-du-moi qu'ils se livrent à un racisme de classe ? Dans ces conditions, il ne faut pas être surpris quand Nicole Revard affirme que « les parents dont les enfants vont dans ces écoles refusent de leur faire confiance. »

## L'impuissance de l'institution scolaire

Les ratages de l'école s'expliquent en premier lieu par la relation conflictuelle qu'elle entretient avec ses éléments les plus fragiles. Les ZEP, mises en place par l'Etat en 1982 pour aider les élèves en difficulté, n'ont pas fait la preuve de leur efficacité. Même si l'Inspection générale de l'administration de l'éducation se réjouissait dans un rapport rédigé en 1993 de ce que « l'écart entre les résultats scolaires dans les ZEP et ceux de leur circonscription ou de leur département n'a pas augmenté » et qu'il avait « tendance à se réduire », l'appréciation de l'organisme public est exagérée. Les ZEP ont failli à leur premier objectif : « promouvoir la réussite de tous les élèves et particulièrement dans les zones défavorisées » (circulaire du 01/02/1990). En cela, la lecture d'indicateurs concernant la commune des Mureaux (Yvelines) où 26 établissements sur 27 sont en ZEP, est des plus instructive. Où nous observons qu'en 1999, 42 % des élèves avaient un retard à l'entrée en 6e, 57 % d'entre eux avaient un retard à l'entrée en 3e et que le taux de passage au lycée était de 53,4 %.

Principale d'un collège lyonnais, madame Fourneron fut à la tête du collège Edouard Herriot à Bron (banlieue lyonnaise) durant de longues années. L'établissement est en ZEP depuis 1989. « Quand je suis arrivée à Edouard Herriot en 1987, ce n'était pas un établissement ghetto. Il était propre, mieux tenu d'ailleurs que certains collèges pourtant mieux cotés. Sur le plan des résultats, nos élèves réussissaient mieux au brevet des collèges que le collège voisin qui avait une population plus mixte. Seulement, le collège souffrait du quartier. Il y avait du vandalisme, nos voitures étaient cassées, il y avait des jets de pierre. Ce sont des choses qui ne se passaient pas souvent mais cela arrivait. » Accueillant 338 élèves au cours de l'année scolaire 1981-1982, le collège Edouard Herriot a perdu entre dix et vingt jeunes par rentrée scolaire pour tomber en 1997-1998 à une population de 153 élèves. Soit une perte de 54,73 % de son effectif initial. A la lumière de cette érosion, on peut logiquement s'interroger sur l'effet du dispositif « ZUP ». D'après madame Fourneron, cette procédure s'est enlisée dans la vie bureaucratique. « La ZEP n'a pas changé grand-chose. Cela a donné beaucoup de réunions, beaucoup de discussions et une fausse prise de conscience des problèmes. On s'arrêtait trop sur les causes des problèmes plutôt que de s'atteler à leur résolution. A la longue, la ZEP était ennuyante. » En réalité, ce dispositif n'avait aucune chance de maintenir le collège Edouard Herriot à un niveau d'excellence. Au grand désarroi de son ancienne principale. « La carte scolaire fut contournée chaque année par les familles aisées de Bron, dénonce-t-elle. Les moyens d'évitement étaient connus de tous : les parents qui habitaient Lyon et qui avaient mis leur enfant à l'école Jules Ferry, un établissement primaire bien fréquenté et situé dans le secteur de Edouard Herriot, prétextaient que la nourrice ou les grands-parents qui le gardaient, habitaient tout près, et les inscrivaient dans un collège lyonnais au moment du choix du collège. Quant aux enfants qui habitaient dans notre secteur, soit leurs parents les mettaient dans le privé, soit ils négociaient une inscription directement avec les chefs des établissements les mieux cotés de la commune alors que leurs enfants n'avaient rien à y faire. Rien n'interdit à un principal d'accueillir des élèves d'un autre secteur. Il suffit d'avoir une dérogation. En général, cela se fait de manière plus ou moins légale. On invente une adresse dans le secteur, le chef d'établissement peut ne pas la contrôler. Nous avons aussi, continue-t-elle, été victimes du refus de collaborer du directeur de l'école Jules Ferry qui n'a jamais joué le jeu. Tous les principaux des collèges savent combien le responsable d'une école primaire peut influencer les parents au moment du choix du collège. Chaque année, nous organisions dans son établissement une réunion de présentation d'Edouard Herriot aux familles de son école. C'est le genre de rencontre qu'il faut organiser à des moments porteurs, avant la fin du mois de janvier, car les parents n'ont pas encore fait de choix. Malheureusement pour nous, ce directeur a toujours mis en place ces réunions plus tard dans l'année, souvent en février-mars. Le pire, c'est que le jour de présentation de notre établissement, notre équipe était en plus grand nombre que les parents présents. »

Le cas de Bron n'est pas isolé. L'ostracisme dont a souffert le collège Edouard Herriot est observable dans toutes les banlieues populaires. Conclure dans ces conditions que le dispositif de ZEP est un pis-aller destiné à fournir un alibi politique à l'Education Nationale, n'est pas faux. Sur le terrain, ses relais, les inspecteurs généraux ou les inspecteurs académiques, constatent quotidiennement l'existence d'une école à double vitesse. Autrefois suscité par le seul déterminant social, ce phénomène de différenciation est aujourd'hui marqué par un facteur nouveau, l'élément ethnique. Difficile dans ce cas de ne pas sourire lorsque Claude Allègre, alors Ministre de l'Education, affirmait que « notre système éducatif est encore de très bonne qualité » car « il a été capable de relever le défi de l'éducation de masse ». De quelle école parle-t-il ?

## Un nombre important de décrocheurs

Le divorce de l'école d'avec ses éléments les plus fragiles semblent consommé. Victimes de mauvais résultats scolaires, ces jeunes rejettent en bloc l'autorité de leurs professeurs, les règlements intérieurs et le travail qui leur est réclamé. Cheville ouvrière de leur socialisation, - en proie à des difficultés souvent inextricables, les familles ne peuvent endosser en toute quiétude leurs charges éducatives -, l'école subit les affres des lourds quotidiens de jeunes gens insatisfaits. On ne le répétera jamais assez, il n'est pas un jeune qui n'ait le désir, sinon la volonté, de réussir ses études. Tout dans leur environnement les exhorte à réussir leur scolarité : le chômage a ruiné leurs parents et laminé les frères et sœurs non-diplômés. Les banlieues populaires regorgent d'enfants desservis par la chance. Ont-ils toujours eu la possibilité de s'intégrer sans peine dans le cadre scolaire ? Le récit que m'a fait un animateur argenteuillais en août 1994 révèle l'insurmontable de certains obstacles. « Les cinq garçons de la famille B. ont entre 15 et 26 ans. Ils ont tous fait de la taule et très souvent même. Le dernier est en prison pour un double braquage. Lorsque tu fais la morale au plus grand pour le mauvais exemple qu'il donne à ses jeunes frères, il te dit que pour eux, la vie est foutue. Ces mecs ont tous des grosses voitures, s'habillent en Lacoste et pourtant, je te jure, ils n'ont jamais travaillé. Ils n'ont même pas de carte de sécurité sociale. Ces mecs ont leur vie dans le caca. Ils zonent, ils fument, ils boivent, ils volent et ils vont en prison. Leur vie, c'est ça. Est-ce qu'ils auraient pu avoir une autre vie ? En vérité, sans diplôme, sans formation et habitant le Val d'Argent, ils avaient peu de chances de se sortir de la merde ». Quelques jours plus tard, un autre animateur me traçait un portrait tout aussi sombre des jeunes du Val d'Argent. « Ici, la plupart des jeunes dealent : à la gare, au centre-ville, dans le quartier. Les flics ne disent rien, ils ne bougent pas. Des mecs de la P.J. m'ont dit un jour qu'ils ne se dérangeaient plus pour le shit. Ils m'ont pourtant dit qu'ils savaient qui dealait et où, qu'ils connaissaient même leur adresse, mais que ça ne les intéressait pas. Une fois, j'étais dans une réunion sur la drogue. A un moment, le commissaire a déclaré qu'il n'y avait plus de trafic de drogue sur Argenteuil. Ca m'a fait rire. Je lui ai rétorqué que ce n'était pas vrai. Il m'a regardé méchamment. En vérité, ils en ont rien à taper que les mômes se droguent. Sûrement que ça les arrange. Ca fout les boules de voir ça. Des fois, je me demande : combien de temps encore vont-ils les laisser crever dans leur coin ? ».

Ces deux tableaux illustrent des vies d'une effroyable complexité en face desquelles l'école ne peut exprimer qu'une profonde impuissance. Les ruptures sont multiples. Leur enchaînement est d'ailleurs connu des cadres de l'Education nationale : mauvais résultats scolaires, conflits avec les enseignants, absentéisme grandissant, conflit avec l'administration, renforcement de l'opposition à l'école, menaces d'exclusion temporaire, conduites d'échec, exclusion ou abandon. Est-ce que l'école est responsable de ces dégringolades ? Nous avons vu précédemment qu'elle se prévaut d'offrir à tous les enfants les clés de la réussite. Dans son rapport sur « le collège de l'an 2000 », le sociologue François Dubet estime qu'à « l'heure où l'on déplore l'affaiblissement des liens sociaux, l'accentuation des inégalités et l'emprise hégémonique d'une culture de masse, il importe d'affirmer le rôle intégrateur de l'école obligatoire. » Visiblement, le chercheur tourne en réalité ses propres songes. Il oublie que l'école est actuellement un acteur désarmé de la délitescence sociale. Chaque année, des milliers d'élèves décrochent, avant d'avoir atteint l'âge à partir duquel la scolarité n'est plus obligatoire. « Il s'agit d'un phénomène nouveau, important et qui commence à nous préoccuper, confie Robert Rivière, le chef du service académique d'information et d'orientation au rectorat de Lyon. C'est une situation que nous observons depuis trois à quatre ans maximum. Les décrocheurs échappent ensuite à toute institution. Il est difficile de définir leur nombre exact. On sait seulement qu'ils représentent 2 à 3 % des élèves d'une classe d'âge. A l'échelle de l'académie de Lyon, cela fait plusieurs centaines d'abandons par an. Ce phénomène du décrochage, poursuit-il, touchait auparavant les lycées d'enseignement professionnel. Actuellement, on voit des départs prématurés en collège, avant même que les élèves aient seize ans. Nous avons eu de la peine à identifier ce fait car les chefs d'établissement n'en font pas véritablement état. Quand un élève ne vient plus en cours, ils essaient de le retrouver, ils n'y arrivent pas, ils font apparaître que ces jeunes sont partis, point. Nous avons aussi essayé de faire la typologie de ces décrocheurs. On remarque que ce sont souvent des garçons qui sont en échec quelque part : sur le plan familial, scolaire ou social, parfois sur ces trois aspects à la fois. Et si on veut aller plus loin que ce portrait-robot, je dirais qu'il y a les résignés, ce sont des jeunes qui en ont marre, qui sont incapables de suivre ou qui sont insouciants. Et, il y a les révoltés, ceux qui foutent le bazar. Ce sont des jeunes qui se sont adaptés de manière négative dans le système, c'est-à-dire qu'ils ont un rôle de leader dans le quartier et à l'école au point de ne pas être scolarisables. Cette catégorie d'élèves est chiffrable. Lors de la rentrée scolaire 1997-1998, huit cents élèves n'avaient pas trouvé d'affectation dans l'académie. Ce n'est pas que nous manquions de places, seulement, leur dossier était rejeté lors des commissions d'affectation pour inadaptation au système scolaire. Je dois dire que leur nombre augmente sensiblement d'une année à l'autre. » Que fait l'école des enfants inscolarisables ? Refusant les formules euphémiques, Robert Rivière parle franc. « Pour traiter le problème de ces jeunes aujourd'hui, nous usons d'une solution hypocrite. C'est-à-dire que nous disons aux chefs d'établissement, « je suis désolé, vous avez des places vacantes, vous devez accueillir ces jeunes ». Nous savons très bien l'effet de tout ça. Ces gamins-là tiennent trois mois, voire six mois, et soit ils partent d'eux-mêmes, soit ils sont exclus pour des problèmes de comportement. Il est évident que cela a des conséquences sur les autres et sur eux car ils ont vécu une situation d'exclusion totale et il sera très difficile de les récupérer par la suite. » Plus grave encore, la crainte d'une aggravation de la situation conduit l'institution scolaire à commettre le pire des raisonnements. Une nouvelle fois, Robert Rivière ne marque aucune dérobade. « Des sociologues nous disaient récemment qu'il y avait une génération perdue. Je ne sais pas si on peut l'écrire comme cela car ce serait désespérant. Il y a néanmoins des gamins dont on pense qu'il n'y a plus grand-chose à faire, il faut faire une croix. Peut-être faudrait-il s'occuper davantage des petits qui sont à l'école primaire, voire à la maternelle et faire un effort à ce niveau-là. C'est du réalisme, je le crois assez, mais encore une fois, c'est désespérant car j'ai longtemps crû qu'il n'y avait pas d'élèves perdus. J'étais sûrement idéaliste. »

Il ne faut pas voir dans le propos de Robert Rivière la révélation d'un secret. Il confirme seulement l'exactitude d'un fait. Parce qu'elle s'adresse à des sujets et non à des individus, au nom du sacro-saint principe d'universalité, l'institution scolaire a toujours constitué une machine de normalisation des comportements, un lieu d'apprentissage du savoir-vivre. Qu'elle s'apprête donc à éliminer les éléments qu'elle considère comme « inaptes à la vie sociale » n'a rien d'étonnant. Dans un ouvrage intitulé « *Où va l'éducation ?* », le psychologue Jean Piaget avait à son époque dénoncé cette logique « moralisatrice ». « Il est évident, considérait-il, que ni l'autorité du maître ni les meilleures leçons qu'il donnera sur le sujet ne suffiront à engendrer ces relations vivantes faites tout à la fois d'autonomie et de réciprocité. Seule une vie sociale entre les élèves eux-mêmes, c'est à dire un self-government poussé aussi loin qu'il est possible et constituant le parallèle du travail intellectuel en commun conduira à ce double développement de personnalités maîtresses d'elles-mêmes et de leur respect mutuel. »

## La violence à l'école

Phénomène ancien, la violence reste un sujet incontournable de l'actualité scolaire. La médiatisation accrue des actes de violence mérite quelques lignes d'observations tant ses conséquences sont démesurées. Avant tout, il importe de relativiser cette violence puisqu'elle concerne un faible nombre d'établissements, au demeurant difficile à quantifier. Seulement, la surmédiatisation de ce phénomène nous fait croire qu'il a pris de l'ampleur. Ainsi, le mouvement d'humeur d'un adolescent, un comportement jugé auparavant comme singulier, est appelé, en temps d'emballement médiatique, à devenir un acte d'une extraordinaire violence. Un commissaire de police me confiait qu'un directeur d'établissement lui avait demandé de participer à un conseil de discipline de façon à « donner du poids aux décisions qui seront prises à l'encontre d'un élève agressif. » S'il convient de ne pas généraliser ce comportement à tous les chefs d'établissement, espérerons que l'institution scolaire ne devienne pas à terme une annexe de la police. Là n'est pas son rôle.

La violence à l'école fut longtemps cachée par l'institution. Dans un essai autobiographique, l'ancien recteur des académies de Lille, Grenoble et Lyon, Maurice Niveau, rend compte, à travers le récit d'un fait-divers, de cette loi du silence qui a longtemps régné. « En 1978, dans un collège de Lille, une jeune enseignante est giflée par la mère d'une de ses élèves, qui n'admettait pas la punition infligée à sa fille pour sa mauvaise conduite. Au même instant, le père de cette élève entre dans le bureau du principal et le frappe à coups de poing au visage. L'enquête de police, ordonnée par le procureur de la République, auprès de qui une plainte a été déposée, révèle que le frère aîné de l'élève, ancien élève de ce collège, se livre à des opérations de racket sur ses camarades. La jeune enseignante, victime de l'agression, fera une dépression nerveuse pendant plusieurs mois, alors que ses collègues et les parents d'élèves ne lui manifestent aucune solidarité. Sans oser le dire ouvertement, ils n'approuvent pas les remontrances et la punition qu'elle a infligées à l'élève. Leur attitude conforte donc les agresseurs et condamne la victime. »

Comment expliquer le changement d'attitude des enseignants vis-à-vis de la délinquance, et incidemment, de la police ? Est-ce dû à la permanence des actes délictueux à l'école ? Apparemment, cette propension de l'institution scolaire à faire appel plus que d'ordinaire à la police, a une explication psychologique. Tout comme les autres fonctionnaires exerçant dans les banlieues populaires (postiers, chauffeurs de bus, policiers, etc.), le personnel éducatif montre désormais moins d'indulgence pour les écarts de comportement. Le chahut adolescent autrefois admis est aujourd'hui perçu comme une nuisance insupportable. Les exemples ne manquent pas pour illustrer cette évolution. D'après le commissaire de police déjà cité, « l'Education nationale ne cesse de venir à nous. Si nous n'intervenons pas pour une bagarre entre deux bandes, elle nous accuse de laxisme. Nous en sommes à un point où je dois rendre des comptes tous les mois à tous nos partenaires. »

Que représente la violence à l'école ? Répétons-le, la comptabilité des agitations juvéniles est impossible à tenir. Dans un rapport remis au directeur des lycées en 1983, Jean-Michel Léon faisait état des statistiques suivantes (elles portent sur un échantillon « représentatif des établissements en situation difficile ») : 80,5 % des collèges connaissaient des déprédations dont la moitié est grave; les vols d'effets se trouvaient partout (100 %) et les vols de matériel étaient fréquents (63,5%) ; les rackets touchaient 58,5 % des collèges; 43,9 % des adultes subissaient des agressions verbales; les bagarres entre élèves constatées dans l'enceinte scolaire touchaient 39 % d'entre eux, ce taux s'élevant à 51 % pour les rixes ayant lieu à la porte de l'établissement. L'étude de Jean-Michel Léon signalait des pourcentages plus élevés dans les lycées d'enseignement professionnel. A titre d'indication, les déprédations touchaient 84,3 % des structures ; les vols au détriment des élèves concernaient l'ensemble de l'échantillon; les bagarres impliquaient 82,4 % d'entre eux; 72,9 % des adultes étaient agressés verbalement, les LEP tertiaires recensant 25 % d'agressions personnelles. Dans un autre rapport, remis en décembre 1994 à François Bayrou, alors ministre de l'Education nationale, l'Inspection Générale de l'Education nationale estimait que 221 collèges et lycées vivaient dans des conditions d'insécurité. Ce nombre recenserait les agressions avec ou sans armes, les violences sexuelles, les rackets, les incendies volontaires et les dégradations des locaux. Enfin, d'après la Direction Centrale à la Sécurité Publique, 10 913 actes violents ont été commis en 1996 contre 8 899 en 1995. Quelle signification attribuer à tous ces chiffres ? En pleine fièvre politico-médiatique, les établissements touchés monopolisent toutes les attentions et interdisent les analyses plus fines. Or, la vie du quartier, les histoires personnelles et les environnements familiaux constituent des facteurs essentiels pour une étude sérieuse de la violence à l'école. En outre, insister sur la violence à l'école, sans s'interroger sur le rôle joué par l'institution scolaire dans l'extension de ce phénomène, c'est appréhender essentiellement les effets et balayer certaines causes. Dans bien des cas, l'école est une source de conflit, tout particulièrement, comme le signale une étude du comité européen pour les problèmes criminels (datée de 1972), « pour les jeunes issus de milieux sociaux modestes ». « La prise de conscience de l'incompatibilité des diverses exigences peut conduire l'enfant à se détourner de l'école, écrivaient les auteurs de ce rapport. C'est ainsi que se crée parfois, au cours des années de scolarité, un véritable cercle vicieux, l'enfant ayant le sentiment d'être un intrus, un rebut de l'école et de la société qu'elle représente. C'est là un facteur essentiel dans le développement de la délinquance juvénile : le facteur qui transforme en motifs les tendances sociales ou individuelles. »

Reste que la médiatisation à outrance de ces faits-divers a enlisé l'institution scolaire dans un bourbier dont il lui sera malaisé de sortir. A lui seul, l'exemple vaudais résume bien cet envasement. En 1991, le psychologue Farid Hadjab avait réalisé pour le compte de l'Observatoire local de la Réussite scolaire (un institut dépendant de l'Education nationale et de la municipalité de Vaulx-en-Velin), une enquête sur l'évitement scolaire. Il s'agissait de mesurer le contournement de la carte scolaire par les familles vaudaises lors du passage de leurs enfants en classe de sixième. Ce travail portait sur quatre écoles : Grandclément et Paul Langevin, deux établissements situés à Vaulx Village, la partie huppée de la commune; Martin Luther King et Henri Wallon, deux structures implantées dans la ZUP. L'auteur avait alors observé un pourcentage d'évitement stable, de l'ordre de 40 % pour les deux premières écoles, lors des années 1989 et 1990. Les secondes faisaient part de résultats différents puisqu'ils se montaient à 13,7 % et 10,1 % à Martin Luther King et 21 % et 20 % à Henri Wallon. En 1991, ce pourcentage s'élevait à 62 % à Grandclément, 63,2% à Paul Langevin, 16,6 % à Martin Luther King et 0 % à Henri Wallon. La fuite des enfants du Bourg vers les collèges de Lyon et Villeurbanne, deux villes dont la réputation est meilleure, est indiscutable. Cette fracture intra-scolaire, le psychologue l'avait vérifiée avec davantage d'acuité lorsqu'il s'est intéressé à l'élément familial. A Vaulx Village, l'évitement était le fait de familles de souche française puisqu'elles représentaient 85 % de l'ensemble. Leur profil socioprofessionnel se recrutait parmi les cadres et les commerçants, des populations qui composent les plus gros revenus de la cité communiste. A l'inverse, les pourcentages d'évitement mesurés dans les ZUP révélaient des profils socioprofessionnels plus modestes. L'étude de Farid Hadjab signalait une prédominance des ouvriers qualifiés dans les établissements « zupiens » ( 90 % à Henri Wallon et 55 % à Martin Luther King).

Les collèges vaudais avaient vu leurs effectifs fondre entre les années 1981/1982 et 1991/1992. Des 2 659 collégiens recensés en 81/82, on ne dénombrait plus que 1 853 élèves en 91/92. La perte est excessive et déconcertante. Il ne s'était rien passé de particulier dans cette commune au cours des années quatre-vingt pour que la saignée soit aussi grave. La presse nationale citait plus volontiers les Minguettes voisines. Seulement, la ZUP s'était construite tout au long de cette période une réputation de sujet voyou et peu recommandable, une zone sauvage, coupe-gorge et coupe-jarrets. Le moindre incident était localement assimilé à une manifestation barbare. Il n'est donc pas étonnant de constater que de nombreuses familles avaient préféré expatrier leurs enfants dans des établissements scolaires situés en dehors de leur commune, et ce, bien avant les émeutes d'octobre 1990. Les violences d'octobre n'ont fait qu'amplifier cet exode. Les pourcentage d'évitement mesurés à Vaulx Village au cours de la rentrée 1991/1992 montraient une croissance de ce phénomène de plus de 20 %.

Le déferlement d'images de voitures brûlées, les articles malavisés de certains médias (le quotidien *Le Monde* avait titré un de ses papiers : « La guerre est déclarée ») et les discours primitifs des élus locaux avaient inspiré de la peur à des citoyens déjà crispés et produit la fuite générale des cadres aisés et de leurs enfants. Dans ces conditions, comment ne pas s'interroger sur l'attitude schizophrénique de l'Education nationale à la lumière de ces dérives? Comment peut-elle à la fois donner son consentement (ou se résigner) devant le contournement de la carte scolaire et discourir dans le même temps sur la nécessité de ne pas créer des écoles ghettos dans le pays ? Il est vraisemblable que la défiance dont elle est victime dans les banlieues populaires trouve sa justification dans cette contradiction. Les séquelles des phénomènes de violence urbaine ont indubitablement compliqué la tâche des ZEP et activé leur crépuscule. Comment faire entendre à la nation le bien-fondé de ces établissements et la qualité des résultats obtenus au moment où cette dernière n'est réceptive qu'aux états des lieux alarmistes ? La lutte est inégale et démolit en un tour de main le patient labeur des instituteurs et des professeurs des établissements "zupiens".

## L’indispensable réforme scolaire

A l’aube du troisième millénaire, la crise de la ville a révélé les limites de l’école de la République, et montré une corporation qui se conforme encore à des règles et à des convenances propres dignes de la quatrième République. Or, l’enseignant ne peut plus se comporter comme un maître d’étude. Tant que les banlieues populaires ne se seront pas relevées, le profil du pédagogue devra être multiple. A un moment, il sera un père, à un autre, une mère, à d'autres, enfin, une assistante sociale, un éducateur de rue, un agent de police ou un juge. Surtout, il doit accepter l'idée que ses élèves n’attribuent pas à son savoir une valeur inestimable. La toute puissance de l’éducateur n’est plus. Les enfants n’attendent plus l'acquisition d'un savoir encyclopédique. Peut-être conviendra-t-il aussi de s'interroger sur les capacités pédagogiques d'un grand nombre d'entre eux. D'après Nicole Revard, tous ne savent pas enseigner leur discipline. « Cela n’est pas sans conséquence, déplore-t-elle, car je pense qu’on a d’autant moins envie d’inculquer des choses à l’enfant qu’on domine plus ou moins bien sa discipline. Or, il est important de faire que l’enfant ait le désir d’apprendre. En cela, estime-t-elle, je crois qu’il y a un réel problème de formation des enseignants. »

Que faire pour que l’école serve enfin de marchepied efficace et équitable au développement psychomoteur de tous les enfants, sans distinction ? Passons sur la taille des établissements, la qualité de leur environnement et la formation des enseignants. Aussi importantes soient-elles, ce ne sont pas des conditions essentielles pour que l'école remplisse de manière opérante sa mission. Plus sérieusement, il convient de s'interroger sur les capacités de l'école à accorder à tous la formation qui fait qu'on est un homme ou une femme. Est-elle à la hauteur de cette tâche sachant que le contexte social est en pleine évolution ? Je ne le crois pas. J'ajouterai même que la faible place concédée aux activités de l'esprit doit nous obliger à repenser la fonction de l'école. Aussi, puisqu'il n'y a pas d'adéquation entre l'école et la vie, faut-il en finir avec elle ? Il y a quelques années, l'essayiste américain, Ivan Illitch, jugeait, dans un ouvrage accusateur, que « dans le monde entier, l'école nuit à l'éducation parce qu'on la considère comme seule capable de s'en charger. (...) L'école s'approprie l'argent, les hommes et les bonnes volontés disponibles dans le domaine de l'éducation, et, jalouse de son monopole, s'efforce d'interdire aux autres institutions d'assumer des tâches éducatives. » Et de demander : « Nous voulons comprendre, donner un sens à ce qui se trouve face à nous, à ce à quoi nous avons affaire. Ne sommes-nous pas capables d'un rapport personnel avec autrui, à moins que nous soyons abêtis par un travail inhumain ou fascinés par l'idéal scolaire ? » Résolution extrême ? Devant les ravages produits par une institution à la dérive, il importe de ne plus évoquer son avenir avec précaution.

## Chapitre 2

### *Les lieux de divergence : le travail*

Le travail est un vecteur essentiel dans l'organisation d'une ville. Plus que sa richesse, il détermine son sens. La persistance dans le pays d'un chômage structurel a fait la démonstration de cette vérité. Depuis plus de vingt ans, les banlieues populaires sont des terrains secs qui respirent avec difficulté sous la misère du non-emploi. La statistique, un outil froid mais essentiel dans ce type de débat, dessine soigneusement les courbes de cette récession. Dans la cité des 4000 à la Courneuve, 35,5 % des actifs étaient au chômage en 1994. Au Val d'Argent, 17,5 % de la population étaient dans cette situation. A Saint-Jean, dans la commune de Villeurbanne, 21,8 % des actifs étaient au chômage en 1992. A Vénissieux, 21 % de la population active étaient au chômage en 1994. Ces taux ne tiennent pas lieu de photographie officielle de la situation économique des banlieues populaires. Il importe en effet de tenir également compte des histoires et des géographies locales. D'autant que l'inflation a trop souvent force de loi dans ces territoires. Ici, on parle de 50% de chômeurs. Là, ce sont 70 % des actifs que l'emploi aurait fui. Le jugement de réalité dépasse parfois les murmures de l'opinion publique. Lors d'un reportage effectué pour la revue *Urbanisme* en février 1996, je fus effaré par un fond de rumeur jurant que le quartier du Petit Bard, un petit ensemble de logements situés près du centre-ville montpelliérain, renfermait une population de 100 % de chômeurs parmi les jeunes de 18 à 25 ans. Un taux quasi équivalent était attribué à un autre quartier difficile de la ville, La Paillade. Ces informations étaient fausses. Ces confusions concernant deux espaces de rupture bénéficiaires d'un contrat de ville, il importe de savoir à qui elles profitaient. De toute évidence, le Petit Bard et la Paillade étaient victimes de manœuvres tacticiennes destinées à amplifier leur relief précaire et à les draper dans le déshonneur et l'indignité.

**Le cas vaudais**

Le travail est une denrée rare dans les banlieues populaires. Son caractère périssable n'est d'ailleurs pas nouveau dans ces lieux, qu'ils soient médiatisés ou non. En 1984, les cités du Neuhof, à Strasbourg, abritaient 30 % de chômeurs. En 1984, le quartier d'Ousse des Bois, à Pau, comptait 62 % de chômeurs pour une population totale de 4500 habitants. En 1984, la ZAC de la Noé, à Chanteloup-les-Vignes, comptait 25 % de chômeurs. En 1984, 35 % des habitants du Quivrechain, dans le nord-Valenciennois, étaient au chômage. En 1984, le quartier de Fort-Nieulay, dans le Pas-de-Calais, comptait 40 % de chômeurs. En 1984, la cité de Belsunce, à Marseille, abritait 26 % de chômeurs. En 1984, 40 % de la population active du quartier du Basseau, à Angoulême, était sans emploi. Ces pourcentages ont le mérite de dégager la crise économique de l'épiphénomène. Pour un nombre croissant d'individus, l'emploi est une notion floue depuis un grand nombre d'années. Si cette réflexion modère le raisonnement à courte vue dont fait preuve un trop grand nombre d'experts socio-économiques lorsqu'ils évoquent la corrélation entre le chômage et les banlieues populaires, il serait erroné d'écrire que les causes du chômage sont les mêmes d'une banlieue à l'autre. Ainsi, la crise vécue par les quartiers de Vaulx-en-Velin n'est en rien comparable à celle éprouvée par ceux de Montpellier. Leur chiffre du chômage rivalise parfois, le RMI concerne une part importante de leur population et un dispositif de zone franche concerne une superficie non négligeable de leur territoire. Pourtant, leur rapport avec le travail diverge.

La ZUP vaudaise, 60 % de la population locale, est née du désir de l'Etat de construire 9000 logements au début des années 70 de façon à satisfaire les industriels locaux, (Rhône-Poulenc Textile en tête), impatients de regrouper leurs ouvriers dans des unités d'habitation proches des usines. Jusqu'à l'édification de la ZUP, les entreprises procédaient à des ramassages d'ouvriers, un exercice étendu sur une superficie de cent kilomètres au cours duquel un impressionnant corps de ballet d'autocars était gouverné, tôt le matin et tard le soir, par des petits et des grands chefs aux regards chronométriques. Les habitants de Vaulx Village, un vieux bourg pluri-centenaire, n'ont pas eu leur mot à dire dans l'installation de la ZUP, bercés qu'ils étaient par les rêves de grandeur du maire communiste de l'époque, un élu rendu euphorique par la transformation prochaine de sa commune. Un édile occupé aussi à compter les milliers de bulletins de vote virtuellement glanés par la grâce, heureuse, de l'arrivée massive d'ouvriers, gagnés, pour leur part, par le bonheur d'habiter un appartement dans lequel ils trouvaient l'électricité, l'eau chaude, une baignoire, des sanitaires, une cuisine et de nombreuses chambres. Dans les états-majors communistes du département, la ZUP évoquait un espoir de pérennité de la ceinture rouge puisque les communes voisines (Bron, Vénissieux et Villeurbanne) étaient également dirigées par des membres du parti. Dans un ouvrage malheureusement oublié, Raymond Pronier lève le voile sur ce fait. « Outre les besoins qu'il fallait satisfaire, dans l'après-guerre, les communistes ont été les défenseurs de l'habitat social collectif, raconte-t-il. Cette adhésion devait aussi avoir des raisons politiques, l'expérience montrant que l'habitat collectif permettait à l'organisation de se renforcer. (...). Quand on entend aujourd'hui les plaintes des habitants de la ZUP des Minguettes à Vénissieux, souligne-t-il, on ne peut oublier que le maire communiste (Note de l'auteur : de l'époque) s'est battu pour que celle-ci, qui devait offrir autant de logements qu'il en existait déjà dans la ville, soit intégralement construite sur le territoire de sa commune alors qu'à l'origine elle devait se situer en partie sur la ville voisine de Saint-Priest. » Cette observation infirme, partiellement, la prise à partie des villes fortunées, accusées depuis des années d'avoir refusé l'accueil des ZUP lors de leur construction. Certes, les ensembles résidentiels ont toujours pêché par un égoïsme de classe. Il n'empêche, l'orgueil des uns convenait aux calculs politiques des autres.

Avec le départ de Rhône-Poulenc Textile à la fin des années soixante-dix, Vaulx-en-Velin a connu un traumatisme dont les grands dégâts furent ignorés par les pouvoirs publics et mésestimés par la commune vaudaise. Une part importante de la population ouvrière de la ZUP subit alors une forte saignée financière et plongea instantanément dans les affres du chômage « structurel ». Leur mésaventure n'avait rien de circonstancielle. Elle anticipait de quelques hivers celle qu'allait vivre la majorité des ouvriers non qualifiés du pays ou peu qualifiés, tous victimes des profondes mutilations opérées dans l'industrie à l'aube des années quatre-vingt. Vaulx-en-Velin n'a pas supporté le déclin des cols bleus. Au cours des années suivantes, la ville s'est enfoncée lentement dans le désenchantement. Le patronat local avait poussé la construction de la ZUP en raison de son utilité économique mais, cinq ans plus tard, il en prenait congé pour des raisons de convenance personnelle. Le travail, catalyseur de la naissance de la ZUP, a précipité dans une mort lente ce territoire de 27000 âmes.

Le cas de la Paillade est différent. Constituant 10 % de la population montpelliéraine, elle s'est bâtie au début des années soixante et avait alors accueilli des Métropolitains, des pieds-noirs, des Maghrébins et des Tziganes. Sa composition socioprofessionnelle mêlait, initialement, une multitude d'ouvriers et d'employés. La crise économique l'a touchée de plein fouet. En décembre 1995, la Paillade abritait 35 % de demandeurs d'emploi, un taux en deçà de la réalité. La déstructuration d'un alliage ethnique naguère harmonieux, - seconde conséquence de la débâcle ouvrière -, rappelle une situation observée dans d'autres villes sudistes : Marseille, Avignon ou Béziers. Cependant, si la cité héraultaise encaisse durement les cruelles transformations industrielles, son identité n'est pas remise en question car la Paillade n'est qu'une de ses multiples composantes. Vaulx-en-Velin montre de son côté une évolution différente. Produit d'une alliance entre les pouvoirs politiques et économiques, Vaulx-en-Velin est sur le déclin depuis la rupture de cette coalition.

## La crise des règles de sociabilité

Pour autant, est-il raisonnable d'affirmer que le chômage est la source de tous les maux ? Les acteurs politiques, de quelque tendance qu'ils soient, en furent longtemps convaincus. Les exemples de propos définitifs ne manquent pas. Ainsi, le discours prononcé par Philippe Seguin, le Premier mai 1994 à Marly-le-Roi (Yvelines), exprime avec emphase l'infaillibilité supposée de ce postulat. « Le travail n'est pas seulement une source de revenus, il est non seulement le fondement de l'intégration, mais surtout le pourvoyeur de la dignité. Le travail ne permet pas seulement de participer à la production, mais il s'associe au fonctionnement de la société. En bref, que le travail distingue de la société le citoyen du sujet, que le travail distingue l'homme qui maîtrise son destin de celui qui le subit. (...). En érodant les fondements de notre société, le chômage compromet l'ensemble du développement économique. (...). Il en va de même avec la crise de la ville et des banlieues. (...). Quelle autre explication que le chômage ? Le désœuvrement de tous ; l'absence de toute référence familiale au travail car il n'est pas rare que le chômage touche deux, voire trois générations dans une même famille ; la recherche banalisée des moyens douteux d'une vie facile dont les médias donnent à l'envi l'exemple clinquant. Oui, le véritable problème des banlieues, c'est d'abord le chômage » clamait ce jour-là l'ancien maire d'Epinal. A l'évidence, la démonstration était minimaliste. Philippe Séguin tournait en réalité ses propres supputations. Le principe n'est pas nouveau : à chaque récession, le pouvoir politique use de justifications erronées pour expliquer des phénomènes plus lisibles qu'on ne le croit.

Car attribuer tous les travers de la société au seul facteur économique n'est qu'un mauvais numéro de prestidigitation. Mais aussi grosse soit-elle, cette ficelle a souvent été utilisée. Il y a peu, le pays se délectait encore du spectacle de la France des années 50-60. Les trente glorieuses étaient dans toutes les bouches. Or, on oublie que la France urbaine souffrait alors de maux terribles. Les revendications sociales en faveur des mal logés formulées par l'abbé Pierre au cours des hivers 1952 et 1954, les monstrueux bidonvilles disséminés comme des graines à la périphérie des riches centre-villes, le combat des squatters au lendemain de la seconde guerre mondiale sont quelques exemples des misères noires vécues dans cette période. Seulement, la nostalgie d'un passé qu'on mythifie, - un regret mélancolique qui rassure une France blessée par les coups redoublés du temps qui l'a vieillie et par l'arrivée de nouvelles nations dans le concert international qui l'ont destituée de son statut de grande puissance -, néglige des pans entiers d'une mémoire collective trop heureuse de l'euphorie de jadis.

La crise du travail industriel a transformé les règles de sociabilité dans les banlieues populaires. Longtemps, l'activité professionnelle avait géré les relations entre les individus, établissant ici l'intégration des populations d'origine étrangère dans la société d'accueil et réglant là, la qualité des rapports entre les adultes et les jeunes. L'usine représentait huit heures, et souvent plus, du temps de vie de chacun et frottait les histoires et les cultures des uns avec celles des autres. Le travail était un médiateur efficace des querelles et des différences et, un utile régulateur social entre les communautés d'âge, d'ethnies ou d'idées. Son dépérissement a fatalement déréglé le pouls social d'un grand nombre de villes, celles en particulier dont la construction avait répondu à une logique économique et qui subsistaient jusque-là grâce au poids du travail. Aujourd'hui, la négociation a fait place au schisme. On observe un divorce entre les adultes et les jeunes, entre les Français et les Maghrébins, entre les actifs et les passifs. Conséquence directe de cette désorganisation, les banlieues populaires ont dû se résoudre à taxer fortement les entreprises installées sur leur territoire pour tenir leur budget. Malheureusement, cette évolution a eu son contrecoup : les villes pauvres ont perdu de nombreuses entreprises quand dans le même temps, les villes riches, en pratiquant des taux d'imposition faibles, accroissaient leur contingent usinier. Un rapide examen du produit fiscal tiré par quelques villes symboles illustre parfaitement cette situation. Ainsi, en 1990, Neuilly taxait ses entreprises à 2,27 %, Versailles à 8,05 %, Paris à 9,37 % et Lyon à 10,33 %. A l'inverse, au sein des communes pauvres, ce taux était de 24,14% à Corbeil, de 20,29 % à Créteil, 17,34 % à Marseille et 18,24 % à Saint-Denis.

## La zone franche, un leurre économique

Afin de revitaliser l'économie des sites en difficulté, le Président de la République, Jacques Chirac, et son Premier ministre de l'époque, Alain Juppé, avaient fait le choix, en 1996, de créer des zones franches, un système qui tend à exonérer massivement de charges fiscales et sociales toutes les entreprises nouvelles durant cinq ans. Les sociétés, pour en bénéficier, doivent, lorsqu'elles embauchent, recruter dans une certaine proportion des habitants de quartiers. Cette proposition, qualifiée de « forte » lors de sa présentation, n'est pas inédite. Entre 1986 et 1988, Alain Madelin, Ministre de l'Industrie, avait mis en place un dispositif similaire afin de secourir les régions victimes des restructurations industrielles. Cet adepte de l'ultra-libéralisme n'avait pas, lui non plus, fait montre d'un talent novateur. Les zones franches, de vastes plates-formes dans lesquelles de puissantes multinationales étrangères profitent des largesses du libéralisme local (faible fiscalité et procédure administrative allégée), existent dans le sud-est asiatique depuis plusieurs décennies. Plus près de nous, le 26 juin 1978, le chancelier anglais Sir Geoffrey Howe, s'inspirant de l'exemple extrême-oriental, annonçait à ses concitoyens la création de zones d'entreprises dans « l'île aux Chiens », une mesure destinée à sauver ce quartier du sud-est de Londres. Face au déclin des centres-villes et du centre londonien en particulier, il s'agissait pour le chef du gouvernement travailliste de stopper un mouvement aux allures catastrophiques : maisons en ruine, terrains économiques laissés en friche, pauvreté en hausse constante. A un an des élections législatives, (finalement remportées par la conservatrice Margaret Thatcher), le Premier ministre anglais comptait revivifier des tissus économiques anémiés par le ralentissement de l'activité industrielle dans des centres urbains au fort passé usinier. Ce dessein britannique fut repris par les Américains en 1987, lorsque le Congrès adopta l'article 7 du *Housing and Community Development Act*, une résolution qui amena à la création, dès son origine, de 100 zones d'entreprises fédérales, dont 33 en milieu rural, un nombre évalué à la hausse quelque temps après, puisque passé à 225. Les premiers bilans anglais et américains attestent de résultats peu encourageants pour les habitants concernés. Les zones franches n'ont pas accouché d'emplois nouveaux et n'ont pas bénéficié aux résidents de ces territoires. Au contraire, les entreprises ont préféré déplacer leur contingent d'employés vers de nouveaux sites.

Tel un sphinx dans son attitude orgueilleuse, les pouvoirs publics français n'ont rien voulu retenir des conclusions anglo-saxonnes. Ils ont balayé d'un revers de la main les contradicteurs têtus, affirmé d'un ton péremptoire la particularité française et accusé les précurseurs anglo-saxons d'avoir oublié la question sociale. Si on ne peut condamner la France pour son entêtement, pour l'heure, les zones franches françaises ne profitent pas aux habitants vivant dans les territoires « franchisés ». Un rapport présenté en décembre 1998 par Béatrice Buguet, membre de l'Inspection générale des affaires sociales, atteste d'un échec retentissant. L'inspectrice dénonce, pêle-mêle, « un dispositif juridique peu cohérent, décalé par rapport aux objectifs et incompatible avec les normes européennes », « des zones territorialement et économiquement disparates, qui n'ont pas été sélectionnées sur la base des critères annoncés », « des effets globalement limités sur l'activité, marginaux sur l'emploi et inexistants sur la mixité urbaine », « un coût très élevé au regard des prévisions et des résultats, et en croissance exponentielle ». Malheureusement pour les communes concernées, l'histoire nous avait déjà enseigné que les entreprises étaient dépourvues de sens moral. Ainsi, en 1992, une dizaine d'entre-elles, entraînées dans une grande et généreuse illusion par le Ministre de la Ville d'alors, Bernard Tapie, avait fait caresser aux habitants des banlieues populaires le rêve de les voir créer des emplois chez eux. Parmi elles, le groupe Bouygues avait annoncé son installation au Val Fourré à Mantes-la-Jolie, et Spie-Batignolles, un autre géant de l'économie française, s'était emparé des Minguettes à Vénissieux. Les grandes sociétés nationales, sur l'insistance candide du Ministre, avaient flairé la bonne affaire. Leur parrainage des cités en crise se révélait plus fructueux qu'elles ne l'eussent crû. Pour une simple promesse de coopération, la République loua leur engagement charitable tandis que certains médias leur accordèrent sur-le-champ la médaille de la grandeur d'âme. Les élus vénissians, comme leurs collègues des autres communes, n'ont jamais vu les silhouettes chevaleresques de leurs mécènes. Une fois de plus, l'effet d'annonce avait servi les puissants et moqué les faibles. Les banlieues populaires ont dû s'accommoder du rôle de la dinde de Noël pour le bon plaisir d'un quarteron de patrons-marmitons, ravis de se payer leur tête et satisfaits de leur pavane sous les projecteurs complices des caméras de télévision.

A l'heure où le libéralisme fait figure d'idéologie incontournable pour les grands de ce monde, les entreprises font et défont les gouvernements, suggèrent les urgences ou les atermoiements et se posent comme les moteurs des élans vitaux de notre société. Plus grave, le marasme économique, qui a longtemps ébranlé le pays, a eu pour contre-effet de décupler leur omnipotence et fait d'elles des souverains ombrageux. De faiseurs de richesse et de cohésion nationale, elles ont évolué en hydres supranationaux. Le travail ne cesse de manquer? Il n'est pas une année où les gouvernants ne leur concoctent pas des gâteries pour flatter leur ego et, si possible, obtenir leurs bonnes grâces afin qu'elles daignent embaucher quelques miséreux pour quelques mois. La leçon économique de ces dernières années est d'une limpidité terrible : les sociétés libérales sont prisonnières de leurs entreprises. Sans clé de sortie définitive des affres de la récession, l'Etat vend parfois sans bénéfice une partie de ses biens. La zone franche s'offre comme un mouvement désespéré. Elle pourrait d'ailleurs anticiper la fin de l'Etat dans ces territoires. Dans un numéro de la revue *Que Sais-je ?*, Claude Herteux décrypte la portée d'une telle impulsion.

« A partir d'une idée vieille de 2000 ans, avertit-il, la zone franche, un vaste courant libéral, a imaginé un nouveau concept : la zone d'entreprises. L'objectif est simple : recréer dans des secteurs en déclin les conditions indispensables à la liberté d'entreprendre pour aider au développement économique et à la création d'emplois. Mieux que ne pourrait le faire l'intervention intempestive de l'Etat qui fige et paralyse l'initiative privée. Solution ponctuelle pour les centres urbains de grandes villes, d'abord ; laboratoire des idées libérales en matière d'enseignement du territoire, ensuite ; politique applicable à l'ensemble d'un pays, enfin » explique l'auteur de l'ouvrage. L'aspect novateur des zones franches « à la française » se manifeste avec évidence dans leur modalité d'application puisque les entreprises doivent, pour profiter de cette résolution, embaucher des gens demeurant dans les sites concernés. A travers cette clause, un des fondements de la République est écorné car les zones franches importent en France une notion américaine : la discrimination positive. L'égalité des êtres humains en dignité et en droit n'a donc pas atteint le cap du troisième millénaire. Ce principe issu de la Révolution française, un fluide jusque-là intangible, a dessiné ses limites, fragilisé par la prédominance des individualismes politiques et économiques. Aux Etats-Unis, les pères de « l'Affirmative action », - une expression synonyme de discrimination positive -, et les chercheurs locaux dénoncent la perversité de ce concept et s'interrogent sur les véritables raisons liées à sa pérennité. L'application de la discrimination positive réservée à l'insertion des minorités défavorisées y est inscrite dans l'intemporalité. Or, elle n'a jamais répondu à son objectif d'égalité des citoyens. En dépit de l'échec de ce modèle d'intégration, - les ségrégations raciales et ethniques ont quadrillé une Amérique réduite à l'état de magma polymorphe où les hommes sont classés par souche (Noirs, Blancs, Amérindiens, Hispaniques et Asiatiques) -, la France a pris le parti de mettre en berne ses attributs universels, épuisée par des villes dont les habitants échappent chaque jour à son contrôle et qui ont fini par affoler sa boussole intérieure.

A terme, il n'est pas interdit d'imaginer que l'application de la discrimination positive dans le pays préfigure, en cas d'échec, un schéma économique plus radical. Ainsi, un certain nombre d'observateurs pensent que l'ajustement structurel se profile comme le seul remède capable de redresser les banlieues populaires. Elément rétablisseur des mécanismes de marché, facteur supposé de l'augmentation des capacités de production et d'adaptation des économies locales, l'ajustement structurel est considéré par le Fonds monétaire international et la Banque mondiale comme le procédé cardinal pour la bonification de l'activité économique. Aux yeux de beaucoup, les banlieues populaires se trouvent dans une situation analogue à celle des pays sous-développés et doivent s'astreindre à un régime drastique. Si d'aventure le supplice de l'ajustement structurel était infligé à ces territoires, il sera certainement malaisé d'expliquer à leurs habitants qu'ils vivent dans un pays qui campe à la quatrième place du classement des pays riches.

**Des hommes interdits de travail**

Si les dispositifs d'insertion des exclus du monde du travail (qu'ils s'appellent zones franches, emplois ville ou emplois jeunes) sont inopérants, trois facteurs expliquent ces échecs : l'effet quartier, la discrimination à l'embauche et le refus d'insérer les jeunes sans qualification.

« L'effet quartier » a longtemps été une énigme. Le lien entre le chômage et le quartier en difficulté n'était pas foncièrement établi. En outre, la multitude de témoignages des habitants n'était pas suffisante pour donner du crédit à ce jugement. Aujourd'hui, des travaux accordent une réalité à ce fait. Il en est ainsi d'une étude effectuée par des chercheurs de l'INSEE dans des quartiers en difficulté situés à Metz et Nancy. « On peut mettre en évidence un « effet quartier » pour expliquer le niveau du chômage sur les quartiers retenus au titre du contrat de ville, observent les statisticiens. Celui-ci peut s'interpréter ainsi : à sexe, âge, niveau de diplôme, nationalité et catégorie sociale égaux, la probabilité d'être au chômage est significativement plus forte dans les quartiers en difficulté que dans les autres quartiers ».

La discrimination raciale à l'embauche est la seconde forme insidieuse de rejet éprouvée par certains habitants des banlieues populaires. Longtemps dénoncée par les seules victimes, originaires principalement du Maghreb et d'Afrique noire, ce fait est désormais reconnu et indiscuté. Dans un ouvrage intitulé « Faire France », la démographe Michèle Tribalat observe que « deux tiers des Français reconnaissent l'existence de telles pratiques. Les jeunes d'origine espagnole ou portugaise ont des positions voisines, de même que les immigrés d'Algérie et d'Afrique noire et, dans une moindre mesure, ceux du Maroc. Les jeunes d'origine algérienne sont plus nombreux à croire à la discrimination à l'embauche : les trois quarts des enfants nés dans des couples franco-algériens et 80 % des enfants des deux parents immigrés. (...). Une grande unanimité se dégage pour désigner les Arabes comme les principales victimes de la discrimination à l'embauche : trois quarts des Français, un peu plus chez les jeunes d'origine étrangère, quel que soit le pays de naissance de leur parents ». La discrimination raciale à l'embauche est une pratique ancienne et s'est amplifiée avec l'avènement de l'extrême droite dans le champ politique. Directeur adjoint du collège des Noirettes à Vaulx-en-Velin, Alain Piot est un observateur privilégié de ce phénomène. « J'ai vu se restreindre depuis dix ans l'embauche des jeunes Vaudais, particulièrement à l'encontre des Maghrébins. A chaque incident ou discours médiatisé de Le Pen, ce refus s'est amplifié. Il est surtout l'œuvre des artisans, des gens qui sont très crûs dans leurs propos. D'après eux, leur clientèle n'en veut pas. Ainsi, les métiers de la plomberie, la serrurerie, l'électricité, la mécanique ou la vente sont aujourd'hui quasiment interdits aux Maghrébins ». Est-ce la raison pour laquelle un grand nombre d'entre eux exercent aujourd'hui les métiers d'agents d'ambiance (un euphémisme pour désigner les vigiles qui sécurisent les bus et les centres commerciaux) ou d'animateurs de quartier ?

L'insertion professionnelle des jeunes sans qualification sera difficile en dépit des processus de discrimination positive. Leur rupture prolongée d'avec le monde professionnel résulte, il est vrai, d'une double stratégie patronale. Dans un ouvrage publié sous la direction de Serge Paugam, le chercheur Simon Wuhl dépeint avec justesse ces deux stratégies. « La surqualification à l'embauche permet aux employeurs soucieux, de disposer d'une main-d'œuvre susceptible de faire face aux évolutions futures, de relever systématiquement les niveaux requis de recrutement, y compris pour les emplois n'exigeant pas de compétences particulières, atteste-t-il. En période de bonne conjoncture, lorsque la main-d'œuvre qualifiée fait défaut pour ces emplois, ils préfèrent souvent s'abstenir de recruter, plutôt que de faire appel à une main-d'œuvre inemployée et disponible, mais supposée difficilement adaptable. Le développement de l'emploi précaire correspond à la seconde stratégie. Ce processus de précarisation de l'emploi, amorcé avant la crise économique, a connu de brusques accélérations dans les années 80. Entre 1982 et 1989, un million d'emplois à durée indéterminée ont été remplacés par un million de « nouvelles formes d'emplois » (contrats à durée déterminée, intérim, temps partiel). A la fin de la période, ces contrats atypiques représentent près de 20 % du total des emplois ». Lorsqu'on interroge les résidents des villes concernées par les zones franches sur leur chance de trouver un travail pérenne, ils n'y croient pas une seconde et dénoncent ce qu'ils appellent des sous-emplois, regrettant que l'Etat veuille les maintenir à tout prix dans une situation de précarité.

Toutes les banlieues populaires ne sont pas des territoires exclus du monde économique. Ainsi, la commune de Vaulx-en-Velin a connu un très fort développement économique durant de nombreuses années, nonobstant sa désignation à la vindicte nationale. Le nombre d'implantations d'entreprises dans l'espace vaudais est ainsi passé de 844 en 1985 à 1144 en 1993, soit une augmentation de 35 % en huit ans. Quant au nombre d'emplois salariés, il a crû de 38 % en six ans, passant de 10 436 en 1985 à 14 371 en 1990. Affirmer de ce fait que cette ville souffre économiquement procède du jugement erroné. Durant ces années, la commune a bénéficié des mouvements de délocalisation des entreprises du centre lyonnais vers la première couronne et a pleinement profité de ses grandes disponibilités foncières. Seulement, cette dynamique n'a jamais servi toute la population vaudaise. Sur les 16 797 emplois que comptait la ville en 1990, seuls 5 171 d'entre eux étaient occupés par des locaux, soit 31 % des actifs. Pourquoi ? Faut-il expliquer ce pourcentage par la prétendue asocialité des jeunes résidents des banlieues populaires, eux qui forment le gros bataillon des chômeurs locaux ? Il est impossible de reproduire ici tous les poncifs académiques de la banlieue et de ses ahuris qui « errent éperdus dans leurs tours en béton ». Cependant, croire que tous ces jeunes se désintéressent du réel, c'est s'écarter de la vérité. Et s'il fallait démonter cette idée, le témoignage de Eric Forti, un des responsables de la Fédération des oeuvres laïques à Pontoise (Val d'Oise), est éloquent.

« Nous avons engagé sept personnes en emploi jeune dans une maison de quartier de Pontoise pour en faire des médiateurs sociaux. Il s'agit pour eux de faire le lien entre les représentants du service public et les habitants. Cinq des sept engagés étaient sortis du système scolaire sans diplôme à l'âge de quatorze ans. Je dois dire que ça n'a pas été facile de les embaucher. Les contrats de travail n'étaient pas encore signés qu'ils nous ont dit : « Vous vous foutez de notre gueule ou quoi ? On va pas bosser pour 5800 balles par mois ». Ils voulaient un salaire de 10 000 balles par mois. Tous ces jeunes ont un téléphone portable et les moyens de consommer. Ils consomment d'ailleurs beaucoup plus qu'on ne le croit. Certains ont décliné notre offre et nous ont dit « Pas question de bosser pour 5800 balles, on s'en sort mieux autrement ». Ceux-là voulaient un statut, ils se foutaient du boulot. Ils voulaient simplement clarifier leur relation avec la société, avoir donc un contrat de travail pour ne plus avoir de problème avec la police quand ils se font contrôler. Les autres ont négocié avec nous. Aussi surprenant que cela puisse être, ils sont allés à la direction départementale du travail avec des revendications syndicales. En lisant les conventions salariales concernant leur niveau de poste, ils s'étaient rendus compte que nos conditions de rémunération étaient en dessous du niveau légal. Ce qui me fait dire qu'on se trompe quand on affirme que ces jeunes sont des abrutis. La direction départementale du travail nous a contactés et nous a dit qu'on n'était pas dans la norme. Résultat, on a dû voir leurs salaires à la hausse et les fixer à 7800 francs brut mensuel. Financièrement, on s'est fait avoir, c'est sûr car pour nous c'est 120 000 francs de moins dans notre budget. Mais on a accepté de jouer le jeu. On leur a-t-on dit O.K., mais maintenant, on est complètement dans la logique employeur/employé ».

Bien évidemment, tous ces jeunes n'ont pas cette capacité à revendiquer. Eric Forti constate quotidiennement qu'une partie d'entre eux « est incapable de respecter le rythme de vie d'une personne qui travaille, d'avoir de bonnes relations avec les autres membres de l'entreprise et plus largement, de respecter le règlement intérieur d'un établissement ». Et de préciser, que « cela se termine régulièrement par des démissions, des abandons de poste ou des ruptures anticipées de contrat de travail. Au final, conclut-il, cette accumulation d'échecs fait d'eux des professionnels du non-emploi ». Ceux-là sont aujourd'hui dans un état de rupture sociale et psychologique tel, qu'il leur devient presque impossible de s'intégrer dans une logique économique. Recueillis par l'économie parallèle, ils vivent dans un monde à part. Mais soyons clair, les pouvoirs publics ont une forte responsabilité dans leur inadaptation économique. Ainsi, rares sont ceux qui ont été intégrés dans le dispositif gouvernemental d'emploi jeune. Le ministère de l'Education nationale, par exemple, premier bénéficiaire de cette procédure, a surtout engagé ses nouvelles recrues parmi les titulaires d'un Bac + 2.

**Les propositions du Commissariat général au plan**

Que va-t-il advenir de ces jeunes ? Et faut-il croire au retour du plein emploi, comme le clame depuis plusieurs mois un gouvernement Jospin gagné par l'euphorie de la baisse de la courbe du chômage et par... la persistance d'une bonne cote de popularité ? « La France dopée par la croissance mondiale » titrait *Le Monde* dans sa « Une » du 26 novembre 1999. Et de détailler les indicateurs économiques du pays : une activité économique de 2,7 % en 1999 au lieu des 2,3 % annoncés en début d'année; un taux de chômage qui devrait passer de 11,1 % en 1999 à 9,8 % en 2001; une consommation des ménages qui atteint des sommets, au troisième trimestre, par exemple, « les ménages se sont rués chez les concessionnaires automobiles et ont continué à être friands de téléphones portables et de produits informatiques divers et variés » note la journaliste du quotidien. Puisque tous les indicateurs économiques sont au vert, doit-on en conclure que la crise dont souffre le pays est en phase d'essoufflement ? Avant de répondre à cette question, il importe de faire état d'une observation faite par l'Observatoire national de la pauvreté et de l'exclusion sociale dans son rapport 2000. Communiquant les résultats d'une étude sur « les représentations de la pauvreté et de l'exclusion dans les médias », cet organisme souligne que « les journalistes interviewés pour cette étude, partagent tous le sentiment d'un effacement progressif des problématiques liées à la pauvreté et à l'exclusion dans les colonnes de leurs journaux, mais aussi au sein de leur rédaction, alors même que les données quantitatives de 1995 et 1999 ne démontrent pas nettement un recul. Avec la même unanimité, poursuit l'Observatoire, ils considèrent devoir d'autant plus s'engager en défendant de tels sujets qu'ils seront moins spontanément inscrits à l'agenda médiatique dans un contexte de croissance économique retrouvée. » Dans ce contexte d'occultation de la réalité, nous applaudirions des deux mains l'habileté politique du Premier ministre à rendre vraisemblable son idée de plein-emploi si des millions d'individus ne souffraient pas de la fatalité de la misère socio-économique. Seulement, la réalité ne prête pas à rire. S'il convient de saluer la baisse du nombre de chômeurs depuis plus de trois ans, plutôt que de s'enivrer à loisir de cette heureuse conjoncture, il importe d'en définir la nature. Où il apparaît que les emplois créés sont principalement des emplois temporaires (contrats de un à six mois inclus et travail occasionnel). Pour s'en convaincre, il suffit de comparer, à titre d'illustration, l'évolution de ce type d'engagements entre les quatre premiers mois de l'année 1998 et les quatre premiers mois de l'année 1999. Le bulletin mensuel des statistiques du travail fournit les informations suivantes : en janvier 1999, 938 804 contrats temporaires ont été conclus dans le pays contre 779 525 un an auparavant ; en février 1999, 820 486 collaborations ont été conclues contre 687 299 un an auparavant ; en mars 1999, 946 250 contrats ont été signés contre 837 943 un an auparavant ; enfin, en avril 1999, 978 250 engagements temporaires ont été conclus contre 841 189 en avril 1998. Cette explosion du travail précaire, - en plus d'attester, une fois encore, de l'admirable désinvolture dont ne cesse de faire preuve le libéralisme au moment où le gouvernement de Lionel Jospin veut légiférer le travail (que ce soit par les trente-cinq heures ou par la taxation des heures supplémentaires) -, gagne en visibilité dans les banlieues populaires. En Seine-Saint-Denis, où le nombre de chômeurs est passé de 104 000 en septembre 1998 à 97 214 en septembre 1999, 80 % des emplois crées depuis 1993 sont dans les services. Or, 50 % des emplois de service sont de type temporaire.

Le plein emploi se révélant une utopie mobilisatrice, que va-t-il advenir des miséreux de ces territoires ? D'après Gérald Berthoud, « promouvoir l'employabilité du plus grand nombre impliquerait de revoir radicalement les politiques de l'emploi, ce qui imposerait, entre autres, de considérer toute personne dans sa fonction productive comme un « capital humain ». Mais aujourd'hui, ajoute-t-il, dans un contexte de concurrence sans limite et avec la mise en question radicale de la protection sociale, l'aspiration au bien-être est largement éclipsée par la lutte à tous les niveaux. » Parce qu'il est impensable d'accepter cette impasse sacrificielle, il faut réintroduire de l'humain dans l'économie. La cohésion de la société est à ce prix. Il faut en finir avec les dispositifs de survie (comme les machines d'insertion bâties par l'Etat) et ne rien attendre du marché (au nom de quoi valoriserait-il le bas de l'échelle sociale, et pour quel profit ?).

En 1993, le commissariat général au plan avait formulé d'intéressantes propositions pour lutter contre l'exclusion : « Corriger la tendance au dualisme économique et social par la rénovation du système social, tant en ce qui concerne le contenu de la négociation collective, que ses structures et ses modalités; contribuer à ce que la négociation sociale tisse les solidarités nécessaires à une plus grande cohésion et une meilleure efficacité de l'ensemble du système socio-productif; revaloriser le travail dans la gestion des entreprises de telle sorte que les entreprises et les salariés y trouvent également avantage; favoriser la mise en oeuvre d'un droit effectif à la maintenance et à la progression professionnelle (...) de telle sorte que la flexibilité de l'emploi, interne ou externe, n'engendre plus le risque d'exclusion sociale pour ceux qui la subissent; renforcer, enfin, l'implication des personnes dans l'insertion des jeunes et des exclus. » Le rapport du commissariat général au plan fut rendu public quelques semaines avant la cohabitation de 1993 à 1995. Au regard de la médiocrité des politiques économiques entreprises depuis trois décennies, il serait bon d'accorder quelques égards à ces propositions. Il est possible qu'elles s'affirment insuffisantes pour neutraliser le feu dévorant du capitalisme. Mais tant que ce « modèle » sera dominant et qu'il contestera à la politique sa fonction de gestion de la cité, il ne faut pas espérer une humanisation des pratiques sociales. « Nous ne voulons pas dominer le monde, nous voulons seulement le posséder » déclarait, il y a quelques années, le patron d'une multinationale. Dans cette perspective, les banlieues populaires demeureront longtemps des espaces mis au rebut car non productifs et non marchands. Rien ne nous oblige à nous incliner devant un mécanisme aussi radical. Et puis, les habitants resteront-ils stoïques quand des groupes minoritaires vivent dans l'abondance ? Heureusement, « la nécessité du sacrifice », selon l'expression de Gérald Berthoud, au seul jeu des intérêts privés, est un destin qui peut encore être changé.

## Chapitre 3

### *Un objet de rupture : la politique*

Les banlieues populaires jettent une lumière crue sur l'incapacité de la politique à influer sur l'évolution de la société. Ici, la désaffection à son égard se trouve exacerbée, et l'abstention électorale a souvent des pics plus élevés qu'ailleurs. Les chiffres de l'abstention mesurés lors du premier tour de l'élection municipale de mars 2001, -un suffrage d'autant plus significatif que les Français déclarent dans les enquêtes d'opinion que le maire est l'élu dont ils se sentent le plus proche-, sont éloquents. Citons, par exemple, Vaulx-en-Velin où 55,24 % des électeurs inscrits n'ont pas voté contre 44,72 % en 1995; Roubaix où 54,87 % des électeurs sont restés chez eux contre 45,14 % en 1995; La Courneuve où le taux d'abstentionnistes fut de 56,51 % contre 46,04 % en 1995; Dreux, enfin, où l'abstention s'est élevée à 52,94% contre 39,21 % en 1995. Comment a-t-on pu en arriver là ? Pour comprendre le divorce entre la politique et les banlieues populaires, il est nécessaire d'en rechercher la cause.

Avant tout, il faut souligner que les banlieues populaires n'ont jamais suscité un intérêt bienveillant et soutenu chez les élus locaux et nationaux. Les conditions dans lesquelles les ZUP ont été construites expliquent en partie ce dédain. On l'oublie trop souvent, mais le choix des sites d'accueil fut du seul ressort de l'Etat. Par la grâce d'un décret, le 58-1464 du 31 décembre 1958, il s'était accordé tous les pouvoirs. « Dans les communes et agglomérations où l'importance des programmes de construction de logements rend nécessaire la création, le renforcement ou l'extension d'équipements collectifs », stipulait ce texte de loi, « un arrêté du ministre de la Construction peut désigner des Zones à Urbaniser en Priorité, chacune doit avoir une superficie suffisante pour contenir au moins 500 logements avec les édifices, installations et équipements annexes. » Assimilées à des zones dortoirs, les banlieues populaires ont longtemps eu une existence fantomatique. Seule la gauche communiste les jugeait favorablement car elle estimait, à tort, qu'elles étaient le produit des conquêtes ouvrières. Cette passion banlieusarde n'était pas désintéressée. Le parti communiste s'était constitué un fructueux capital municipal, - il était à la tête d'un nombre considérable de villes périphériques, et n'entendait pas le dilapider. Evoquant dans un ouvrage la prise communiste de la ville de Reims en 1977, « à la surprise quasi générale », un succès servi grâce à son implantation dans la ZUP locale, Raymond Pronier raconte que « de telles coïncidences entre le développement des cités populaires et la croissance du vote communiste n'ont pas échappé au P.C. et celui-ci a vite compris, d'une manière presque instinctive, que les formes d'habitation collective étaient tout à fait favorables à sa progression ». Et de mentionner que "les élus de ce parti vont devenir les défenseurs et les promoteurs zélés de l'habitat social collectif, et tirer un trait d'égalité entre le HLM et le vote communiste. Toute une politique de logement et d'urbanisation va se développer autour d'une idée fondamentalement électoraliste que, sous une forme prosaïque, nous pourrions exprimer ainsi : « le HLM, c'est bon pour nous ».

De son côté, la droite feignait l'indifférence, l'électorat de ces territoires ne lui étant pas favorable. Génitrice des grands ensembles au moment de l'arrivée au pouvoir du Général de Gaulle en 1958, elle en fit honteusement le procès à partir de juillet 68 lors de l'installation d'Albin Chalandon au ministère de l'Equipement dans le gouvernement de Maurice Couve de Murville. Les sociologues Christian Bachmann et Nicole Leguennec rappellent qu'à son arrivée, « Chalandon consomme la rupture avec toute ambition sociale », « ses origines sociales, son passé d'Inspecteur des Finances et ses expériences de banquier n'inclinent pas le nouveau ministre à déborder d'amour pour les démunis et pour les prolétaires ». Un an plus tard, cette fois au sein du gouvernement dirigé par Jacques Chaban-Delmas, le même Chalandon donnait définitivement le coup de grâce aux grands ensembles en encourageant l'accès aux résidences individuelles. Ceci n'empêcha pas la droite de surveiller ces territoires du coin de l'œil. La victoire étriquée de Valéry Giscard d'Estaing sur François Mitterrand, lors de l'élection présidentielle d'avril 1974, l'avait convaincu du danger électoral que ces grands ensembles pouvaient lui faire encourir lors d'un prochain scrutin. Aussi, la mise en place en 1977 d'un dispositif de réhabilitation des immeubles, - l'opération Habitat et Vie Sociale (HVS) -, répond à ce désir de reconquête de l'électorat populaire. Il s'agissait, comme le précisait Valéry Giscard d'Estaing lors du Conseil des Ministres du 18 décembre 1979, de « prendre en considération les problèmes généraux des banlieues dans tous les domaines de son action, avec le souci d'aboutir à une plus grande égalité devant le cadre de vie ». Son annonce était purement opportuniste car les problèmes urbains ne relevaient plus alors de mesures sociales mais politiques. Signalons au passage que l'opération HVS fonde implicitement la première étape du tour de prestidigitation qui prendra plus tard le nom de « politique de la ville ».

Toujours est-il que jusqu'à l'été 1981, les banlieues populaires n'intéressaient pas le personnel politique. Bien sûr, l'urbanisme périphérique souffrait déjà de mille critiques. On le disait inhumain, dangereux et asocial. Seulement, une situation économique relativement bonne adoucissait quelque peu les plaintes de ses habitants. En outre, la tour symbolisait encore le progrès social puisqu'elle était perçue comme le passage nécessaire entre l'habitat insalubre des centre-villes et le pavillon individuel.

**L'erreur de la gauche**

Et vinrent les rodéos vénissians de l'été 1981. La France bronzait lorsque des jeunes brisèrent le mur du silence. Partis du quartier des Minguettes, à Vénissieux (Rhône), des mouvements de révolte avaient gagné une grande partie de l'est lyonnais. Durant plusieurs nuits, près de deux cents voitures furent brûlées, des policiers caillassés et des cris d'alarme poussés. Inquiet, le gouvernement socialiste s'efforça de répondre à ces appels. Les laissés-pour-compte de la nation gagnaient soudainement toutes les faveurs. Malheureusement pour eux, la gauche commit une incroyable erreur de diagnostic. Elle estima que la crise des banlieues populaires était due au caractère oppresseur du béton et enjoigna l'architecture d'endosser une culpabilité morale dans la perdition sociale de ces territoires. Cent quarante huit quartiers dits défavorisés virent la façade de leurs tours repeintes, leurs cages d'escaliers refaites et leurs entrées d'immeubles rénovées. Quant aux jeunes rebelles, on leur promit qu'ils rejoindraient le flot des vacanciers sudistes à chaque période estivale grâce aux opérations été-jeunes, des plans destinés à éviter de nouveaux étés chauds.

Comment expliquer un tel malentendu ? De toute évidence, l'échec des procédures socialistes a pour cause sa méconnaissance du pays réel et de ses problèmes. Lorsqu'il est arrivé au pouvoir, le parti socialiste s'est évertué à appliquer un programme de gouvernement élaboré dix ans auparavant. Or, la situation économique du pays s'était détériorée. 7,3 % de la population active française était au chômage à la fin de l'année 1980 contre 2,3 % en 1974. Les conditions de vie dans les grands ensembles étaient mauvaises et on observait une rupture de leur équilibre social. Adjoint au maire de Nantes (P.S.), Daniel Asseray porte un regard acéré sur cette ambiguïté d'orientation. « Fondamentalement, dit-il, lorsque la gauche arrive au pouvoir en 1981, elle s'est trouvée à contretemps d'un certain nombre d'évolutions. La conquête du pouvoir par la gauche, c'est la conquête du pouvoir politique par les classes moyennes au moment où la condition salariale est foutue en l'air. La caricature de ce paradoxe, estime-t-il, c'est la retraite à 60 ans. On a pris des mesures adaptées à un monde ancien. Les positions de la gauche à l'époque étaient à contretemps de l'histoire et c'est l'histoire qui a prévalu. »

Cette incapacité (ou ce refus ?) du pouvoir socialiste à désacraliser un discours prisonnier du temps et à chausser les lunettes de la réalité s'est vérifiée deux ans plus tard avec une profonde tranquillité. Invité d'une émission de radio à la veille des élections municipales de mars 1983, son premier secrétaire, Lionel Jospin, jugeait que « la politique de la gauche dans les villes, notamment des socialistes, est en général plus novatrice. Nous sommes dans un pays qui s'est puissamment urbanisé dans les trente dernières années, et la vie en ville pose toute une série de problèmes. Il est certain, ajouta-t-il, que l'on n'a pas encore trouvé une civilisation de la ville qui fasse que les gens y soient bien ». Alors que la crise urbaine gagnait en intensité, offrant au passage une visibilité politique au Front National à Dreux, Paris et Aulnay-sous-Bois, le chef du P.S. usait encore d'arguments rétrogrades pour analyser la crise urbaine. Les émeutes de Vaulx-en-Velin, en octobre 1990, obligèrent les pouvoirs publics à se préoccuper plus sérieusement des problèmes des banlieues populaires. Ils comprirent à ce moment-là qu'il était irraisonné de ne rien faire. Un Ministère de la Ville voyait le jour.

**Des élus peureux**

Au cours des années 1990, la peur des jeunes a mutilé les cerveaux des élus et fait de l'urgence le principal moteur de l'action politique. Les images spectaculaires des faits-divers ont fait naître chez les maires de tous bords des troubles mêlés de craintes et de lâchetés. A la première alarme sonnée par un secrétaire général de mairie inquiet de voir un groupe de jeunes se diriger vers l'Hôtel de ville ou par un responsable du service jeunesse épouvanté par les cris de quelques adolescents, ils s'affolaient, dépêchaient sur le terrain quelques-uns de leurs adjoints et intimaient à leurs animateurs de veiller à ce que le mécontentement juvénile n'explose pas en fureur. L'évocation de deux anecdotes illustre cette dérive.

La première porte sur la création de l'association JSB (Jeunesse sportive du boulevard) dans le quartier du Val d'Argent Sud, à Argenteuil. En novembre 1990, une bagarre avait opposé des jeunes du sous-quartier d'Anjou, dans le Val Sud, à des adolescents de Montfermeil dans une discothèque du Val de Fontenay. Montfermeil avait pris le dessus physiquement. Une semaine plus tard, les deux communes devaient à nouveau en découdre sur la dalle du Val d'Argent Nord. Anjou avait obtenu des renforts des deux Val au nom de la solidarité argenteuillaise. Ce soir-là, le Val d'Argent était en ébullition et attendait de pieds (et de mains) fermes les offenseurs. Ils patientèrent en vain. Montfermeil ne vint pas. Les esprits se chauffèrent, les excitations s'amplifièrent quand quelqu'un proposa le pillage du centre commercial Leclerc, un établissement situé à quelques mètres de là. Sitôt dit, sitôt fait. Un mois plus tard, des jeunes du square d'Anjou investissaient un conseil de quartier et bouleversaient son déroulement. Ils exigeaient un local d'animation et menaçaient de saccager l'Hôtel de ville si leur vœu n'était pas exaucé. Surpris par la brutalité de l'interpellation, l'adjoint au maire présent à cette réunion cédait sur-le-champ. Quelques semaines plus tard, l'association JSB voyait le jour, inaugurée par le ministre des Affaires sociales et de l'Intégration, Jean-Louis Bianco. Son projet consistait en l'ouverture d'un lieu permettant aux jeunes de se retrouver pour pratiquer des activités sportives. JSB se prévalait de deux objectifs : intégrer les activités de jeunes dans la vie de la cité et améliorer leurs rapports avec les adultes. Durant trois ans, des opérations d'aide aux devoirs, des animations, des rencontres, des débats et des fêtes furent organisés. Pourtant, le bilan de l'entreprise JSB était catastrophique à l'aube de l'année 1994. En trois ans, l'association avait connu trois présidents, le dernier était alors en fuite pour une sombre affaire de malversation financière.

L'argent public fut détourné, aucun bilan comptable ne fut réalisé, et le local d'animation avait subi un vandalisme en bonne et due forme. En outre, les activités d'aides au devoir avaient été sévèrement critiquées. Les enseignants du collège Eugénie Cotton, un partenaire de l'association, s'étaient maintes fois plaints des nombreux écarts de conduite et de langage des animateurs de JSB, de leur manque de respect du rythme de vie des enfants, -le soutien scolaire se terminait souvent à 22 heures-, et du manque de neutralité de l'association sur des questions d'ordre idéologique et religieuse. En 2001, JSB n'est plus qu'un souvenir.

La seconde chronique des dérives de la politique dans les banlieues populaires concerne l'Agoretta, un bar sans alcool, installé au début de l'année 1991 dans le quartier du Val Fourré, à Mantes-la-Jolie. Parce que de nombreux jeunes menaçaient les élus mantois si rien n'était fait pour eux, ces derniers s'étaient résignés à l'ouverture d'un établissement de loisir. Les récits alarmistes de leurs animateurs de quartier, la courbe galopante du niveau de l'insécurité et les coups de gueule des jeunes avaient convaincu les édiles locaux de l'importance de ce bar. Ouvert de 17 à 23 heures, l'Agoretta accueillait ces jeunes au son du rap et du reggae. Le 2 janvier 1991, le ministre de la Ville de l'époque, Michel Delebarre, visitait l'établissement sous l'œil attentif du maire, Paul Picard, et admiratif de ses multiples collaborateurs. Seule une petite poignée de jeunes avait accepté de serrer la main du ministre, les autres préférant les halls de leurs immeubles, des lieux moins guindés et plus sobres. Regardant avec ravissement chaque coin du bar, Michel Delebarre semblait rêver à d'autres Agoretta dans d'autres quartiers de l'hexagone. Quelques jours après le passage ministériel, l'Agoretta fermait ses portes. Si l'interdiction de l'alcool (et du shit) avaient généré de multiples conflits entre les animateurs du local et les jeunes, le vol d'une télévision et d'un magnétoscope avait définitivement tendu l'atmosphère. Un soir, des bagarres éclatèrent. Le lendemain, la mairie décida de la fermeture provisoire du local, une résolution qui provoqua une vive contestation des jeunes et des actes de vandalisme à l'encontre de l'établissement. Aujourd'hui, l'Agoretta n'est plus qu'un souvenir.

Ces deux récits témoignent de l'effet des émeutes vaudaises dans les pratiques politiques locales. Où il apparaît que la peur du trouble avait tétanisé bon nombre d'élus, les contraignant à répondre favorablement à la moindre pression collective. Il suffisait aux jeunes d'un quartier de montrer les crocs pour obtenir un local, une subvention, un séjour à la mer ou à l'étranger, ... La menace des châtiments juvéniles a parfois conduit à des décisions irrationnelles, fondées sur le seul gage de la paix civile. L'exemple argenteuillais est, à cet égard, des plus révélateurs car la logique de constitution de l'association JSB est artificielle et soulève maintes interrogations. Que signifie sur le plan politique le fait d'accorder aussi soudainement une salle à des jeunes, - et était-ce une vraie demande ? -, sous prétexte que l'un d'entre eux se répandait en invectives ? Cette démission des élus locaux a érigé une relation jeunes/élus malsaine puisque fondée sur le principe du chantage. Est-ce la raison pour laquelle la politique est aujourd'hui dans un état pitoyable dans ces territoires, désavouée, désagrégée et, plus grave, interdite de séjour ? Cependant, si les chantages juvéniles sont inadmissibles, le caractère extrémiste de leur comportement n'est que la conséquence prévisible des offenses subies durant tant d'années par une population lassée de faire antichambre. Tant d'impatience a fini par endurcir les âmes. Reste que ces insolences excessives ne s'expliquent pas uniquement par les relations détestables que ces jeunes entretiennent avec leurs élus.

### Les dérives de Quartier Libre

Les banlieues populaires ont aussi servi de marchepied à un certain nombre d'élus nationaux. Si l'exemple de Bernard Tapie est le plus connu, son cas n'est pas significatif car l'ancien député socialiste brillait davantage par sa grande éloquence que par son sens politique. En revanche, l'ancienne ministre de l'Emploi, de la Solidarité et des Affaires Sociales, Martine Aubry, nous fournit un modèle réussi d'instrumentalisation des « quartiers difficiles » dans la fabrication d'une carrière politique.

Tout commence en 1993 avec la création de la FACE (Fondation Agir Contre l'Exclusion). Cette association est née d'un sentiment généreux. « Il faut réinventer des moyens d'action, affirmait alors Martine Aubry, il ne suffit pas de donner des primes aux associations. Tant qu'on n'aura pas ramené l'emploi dans les quartiers en difficulté, il ne se passera rien. Ce n'est pas l'Etat qui pourra le faire ». Le 5 octobre 1993, jour du lancement officiel de la Fondation, elle manifestait à nouveau une volonté de fer pour combattre l'exclusion. « Assez de grands discours sur l'exclusion, clamait-elle. Maintenant, il faut agir », usant d'un « ton ferme et volontariste » qui « fait recette auprès des journalistes » rapportent Natacha Tatu et Paul Burel. Outre des actions d'insertion par l'économie, cette association conduit également des actions culturelles, éducatives et sportives dans une dizaine de villes en crise. L'opération emblématique de la FACE fut un spectacle monté entre 1994 et 1995, « Quartier libre », une série de sketchs joués par des jeunes Vaudais.

A l'origine de cette mise en scène, une rencontre, celle de Martine Aubry avec Guy Bedos, et le vœu de l'humoriste de travailler avec des jeunes en situation difficile. Véritable metteur en scène du spectacle, Didier Vignali se souvient. « Aubry a contacté Bedos qui a donné son accord sans avoir d'idée précise sur la question. Je crois qu'il avait un compte à régler avec une enfance algéroise, quelque chose comme « j'ai des comptes à régler avec moi-même sur le plan de mon évolution personnelle ». Il ne s'en cachait d'ailleurs pas. En perte de vitesse, il avait aussi besoin de se relancer professionnellement ». Contrairement à Martine Aubry, Guy Bedos avait compris l'intérêt politique d'un tel spectacle. « Il a imposé assez vite l'idée d'un spectacle conçu comme un moyen pour des jeunes de dire sur une scène comment ils voient notre société et raconter ce qu'ils vivent ». Affirmer que Martine Aubry a continûment manœuvré en coulisse les jeunes Vaudais tiendrait du procès d'intention. Le premier objectif de cette entreprise était l'intégration économique des participants, tous chômeurs au moment de son lancement. « La finalité n'était pas de faire faire du théâtre à ces jeunes mais de les insérer socialement à travers le théâtre, confie un ancien responsable de la FACE. Il s'agissait d'apprendre à ces jeunes à exprimer ce qu'ils vivaient, à dire leurs difficultés, pour ensuite les aider à travailler dans les métiers de l'animation. Le Club Méditerranée était d'accord pour les insérer dans ses villages. Cela n'a malheureusement pas marché ». A l'origine, l'expérience Quartier libre devait se terminer en décembre 1994 à l'issue de deux représentations dans la commune vaudaise. « En novembre, rapporte Didier Vignali, le producteur de Bedos a assisté à des répétitions. Il avait lu les textes, les avaient trouvés bon. Le soir de la première, il était dans la salle. Les spectacles de la Cigale, à Paris, n'étaient pas encore évoqués. Seulement, la puissance de feu de Bedos et Aubry donnait à l'ensemble une perspective intéressante ». Ce changement d'orientation marque le début de la manipulation politique du projet Quartier libre. « Aussitôt après le spectacle de Vaulx-en-Velin, il y a eu un débat entre la FACE Vaulx-en-Velin et la FACE Paris, témoigne cet ancien responsable de la Fondation. Finalement, Paris a fait comprendre à son antenne vaudaise qu'elle n'était plus maître du jeu. Je dois dire que ce brusque retournement a surpris les partenaires locaux de la FACE qui se sont sentis dépossédés de leur travail. Ainsi, la direction départementale du travail, par exemple, qui avait participé au montage de cette formation, et la mission locale, ont été larguées. Mais il n'y a avait plus rien à faire, Quartier libre était devenu l'affaire des Parisiens. » Didier Vignali a observé à bout portant l'altération que la conversion d'un dessein modeste (l'insertion économique de jeunes chômeurs) en entreprise médiatique a causé au sein d'une population en difficulté sociale. « En février 1995, poursuit-il, les douze jeunes sont allés en stage dans un Club Méditerranée du Limousin. Ca c'est mal passé. Les jeunes refusaient de collaborer avec les gens sur place. Ils se sentaient intouchables, ils allaient faire la Cigale. » Initialement pensé comme une béquille sociale pour une population fragile, Quartier libre a donc fini par servir de tremplin médiatique à Martine Aubry et Guy Bedos. Quelques années plus tard, Didier Vignali en garde une certaine amertume. « Un mois et demi avant la première vaudaise, Bedos m'a dit une chose difficile à entendre : « assieds-toi sur ton amour-propre ». Cela voulait dire que désormais, je n'avais plus mon mot à dire. J'ai d'ailleurs un autre souvenir douloureux. C'était après la première à Vaulx-en-Velin. On est tous dans les loges. Mille personnes sont debout dans la salle en train d'applaudir. Une photo est faite. Sur le cliché, on voit les jeunes, Aubry et Bedos. Je suis derrière le photographe, personne ne m'a invité. Cette photo a circulé un peu partout, elle était dans le bureau d'Aubry à la FACE. Voilà ce que l'histoire a retenu. »

Que retenir de cette opération ? Passons sur le rôle joué par Guy Bedos, le propos de cet ouvrage n'est pas dans la récupération d'un sujet d'actualité (les banlieues populaires) par des artistes en quête de bonne fortune. Arrêtons-nous plutôt sur l'utilisation de ces jeunes par Martine Aubry dans la construction de son image politique. A la lumière des témoignages recueillis auprès de quelques-uns des protagonistes de cette histoire, l'élue lilloise s'est révélée une habile manœuvrière. Tout comme Jacques Chirac lors de sa campagne pour les présidentielles en 1995, elle avait mesuré en 1994 l'intérêt qu'elle avait à occuper sur le flanc gauche le champ de la misère sociale dans une France minée par un chômage endémique. Ainsi, afin de séduire l'opinion publique, elle s'était engagée dans deux voies stratégiques : la création de la FACE et l'écriture d'un livre-programme, « Le choix d'agir », dans lequel elle faisait profession d'une détermination à combattre l'exclusion. Au même moment, elle cosignait un dictionnaire-manifeste contre l'extrême droite au point d'apparaître, au lendemain du refus de son père, Jacques Delors, de concourir à la présidentielle de 95, comme une candidate crédible à ce scrutin. Depuis, un grand nombre d'élus locaux impliqués dans la politique de la ville, ne sont pas tendres avec l'ancienne ministre. « Quartier libre, regrette l'un, lui a permis de reconstruire complètement son image politique sur les quartiers en difficulté et sur l'exclusion. » « Martine Aubry, reprend de volée un autre, est très à l'écoute, mais elle vient d'où ? Elle a toujours vécu à Paris et c'est un haut fonctionnaire avec un côté catho. Certes, elle n'est pas indifférente à la misère humaine mais une fois que vous y avez été attentif, ce n'est pas pour ça que vous allez être bon. » S'il paraît délicat d'accabler de reproches Martine Aubry sur sa supposée récupération politique du malheur, il n'en reste pas moins que l'histoire de Quartier libre trahit des pratiques indécentes. « On est parti sur une idée généreuse d'insertion économique par le théâtre sans mesurer les conséquences de leur médiatisation. Aubry, comme Bedos, ont balayé cette dimension. Ces jeunes chômeurs, qui étaient devenus des vedettes, ne sont plus rien aujourd'hui. Je peux vous assurer que la chute fut brutale pour des individus fragiles » regrette un ancien responsable de la FACE. Dans un ouvrage publié quelques mois avant son arrivée à la tête du ministère de l'Emploi, de la Solidarité et des Affaires sociales, Martine Aubry considérait que « le socle de toute action politique est d'imprimer un sens à la société ». Six ans après Quartier libre, une grande partie de la troupe vaudaise continue de ramer.

## La politique contre le citoyen

S'il faut dénoncer les errements de la politique dans les banlieues populaires, il importe de garder à l'esprit que son déclin dans ces communes a longtemps profité à l'extrême droite. Les élections municipales et présidentielles d'avril et juin 1995 attestaient de la réalité de ce péril. Une note des Renseignements Généraux sur le vote en faveur de Jean-Marie Le Pen lors du premier tour de la présidentielle révélait que le score du candidat frontiste était supérieur au résultat du reste de la ville de 11,13 à 8,03 points dans un échantillon de 26 quartiers sensibles. A Lille, le résultat de Jean-Marie le Pen était de 13,8 % dans les quartiers dénués de violences et de 21,3 % dans les cinq quartiers sensibles de la ville : Fives, Lille-Sud, Faubourg de Béthune, Bois Blanc et Moulins Belfort. A Roubaix, le président du Front National avait obtenu 23,27 % dans les quartiers difficiles et 17,86 % dans le reste de la ville. Au lendemain des élections municipales, ces mêmes Renseignements Généraux avaient effectué un constat identique quant aux incidences de la violence urbaine sur le vote en faveur du Front National. Ils avaient observé que le gain des candidats de ce parti entre les élections municipales de 1989 et celles de 1995 était souvent considérable dans les villes possédant des quartiers difficiles. Sur 48 communes sélectionnées en fonction de ce critère et qui avaient déjà présenté une liste frontiste en 1989, 41 avaient offert des progressions substantielles au parti d'extrême droite. Dans 14 villes, les scores avaient augmenté de 1 à 5 points ; dans 14 autres, de 6 à 10 points, et dans 13 autres, de 11 à 16 points. Cette hausse, poursuivaient les auteurs de la note, est particulièrement élevée dans le département du Rhône (plus de 15 points à Saint-Priest, à Vaulx-en-Velin et à Villeurbanne ; plus de 14 points à Villefranche-sur-Saône et plus 13 à Vénissieux). Le Front National progressait également de 16 points à Tourcoing (Nord), de 13 points au Havre, de 11 points à Noisy-le-Grand (Seine-Saint-Denis) et à Dreux. En revanche, les résultats du second tour indiquaient une perte de voix dans 31 des 48 villes, la perte la plus fréquente étant de 3 à 4 points. Parmi les villes ayant maintenu à l'identique leur appui au candidat frontiste, on trouvait Noisy-le-Grand, Vitry-sur-Seine (Val de Marne), Tourcoing, Bron (Rhône), Rillieux-la-Pape (Rhône) et Villefranche-sur-Saône. A Bondy, Pierrefitte et Saint-Denis, toutes trois en Seine-Saint-Denis, mais surtout à Roubaix, Vaulx-en-Velin, Saint-Priest, Vénissieux et Dreux, le Front National avait nettement amélioré son score du premier tour.

Aujourd'hui encore, les résultats de l'extrême droite sont inquiétants. Au soir du premier tour des élections municipales de mars 2001, nombre de commentateurs ont enterré l'extrême droite sous les décombres de l'explosion frontiste. Et de démontrer, chiffres en main, son déclin politique. Preuve de cette vérité, Toulon a été perdue par Jean-Marie Le Chevallier, maire de la ville depuis 1995. Au risque de surprendre, l'extrême droite n'est pas sur le déclin. Certifier son agonie de manière péremptoire trois ans, à peine, après la brusque séparation entre ses deux leaders, c'est s'appuyer sur des arguments faillibles. Il n'était, du reste, pas sérieux de croire qu'elle pouvait répéter en mars 2001 des scores identiques à ceux de juin 1995 après une scission qui a décimé ses troupes. Que pèserait l'UDF, la formation de François Bayrou, dans la bataille politique si elle s'affranchissait du RPR ? Si le poids de l'extrême droite a fortement faibli dans un grand nombre de villes du pays, il faut relativiser ce tassement lorsqu'on invoque les banlieues populaires. Signalons, par exemple, Vénissieux où l'extrême droite (FN plus MNR) a obtenu 22 % des votes contre 27,49 % au premier tour de l'élection municipale de 1995; Les Mureaux où elle a atteint 20 % contre 29,59 % en 1995; Grande-Synthe où elle a obtenu 21,17 % des voix contre 19,18 % en 1995; Tourcoing, enfin, où 20,53 % des électeurs lui ont accordé leur faveur contre 32,46 % en 1995. Outre cet affaissement limité et les forts pourcentages recueillis dans les villes conquises lors du scrutin de 1995 (Orange, Marignane et, dans une moindre mesure, Vitrolles), il importe également de signaler un fait trop souvent tu : de nombreux électeurs frontistes ont voté pour les candidats du RPF, le parti de Charles Pasqua, lors des municipales de mars 2001, réitérant, en cela, un comportement déjà observé au moment des élections européennes de juin 1999. L'absence de frontière solide entre les discours des deux camps sur les questions de sécurité et d'immigration explique ce cheminement des voix extrémistes. Et puis, disons-le tout net : la mort de l'extrême droite est d'autant moins effective que ses idées sont partagées par un nombre croissant d'individus. Le rejet de l'immigration est au rang de ces idées. La Commission nationale consultative des droits de l'homme indique des taux alarmants dans son dernier rapport sur la lutte contre le racisme et la xénophobie (résultat de 1999). Où il apparaît que 71 % des Français estiment que « de nombreux immigrés viennent en France pour profiter de la protection sociale », 72 % considèrent que « les personnes d'origine étrangère sont plutôt favorisées pour l'accès aux prestations sociales » et 52 % pensent que « l'immigration est la principale cause d'insécurité ». L'urgence est donc de mise. Et plutôt que de se satisfaire des défaillances de l'extrême droite, il vaudrait mieux s'interroger sur les moyens de renouvellement de la démocratie et d'implication des habitants dans la vie locale. A Toulouse, les Motivé-e-s, un groupe d'individus fédérés autour d'une chanson-slogan, « le chant des partisans », et d'un groupe local de musique populaire, Zebda, ont bouleversé le scrutin municipal de mars 2001 en obtenant 12,38 % des suffrages exprimés. Si leur score fut salué ici et là dans le pays, leur démarche mérite une remarque. Rappelons, tout d'abord, que le score inattendu des Motivé-e-s fut davantage le fait de l'engagement à leurs côtés des nouveaux bourgeois du centre-ville, ceux que l'on appelle les « bobos »(bourgeois-bohèmes), que d'un soutien des quartiers populaires de la ville. Dans le quartier du Mirail, ils ont obtenu 11,02 % des suffrages contre 18,26 % dans certaines quartiers du centre-ville. Cette observation n'est pas étonnante. La liste Motivé-e-s répondait à l'aspiration d'un groupe de jeunes à exercer un contre-pouvoir politique dans leur cité. Cette stratégie « d'individuels » n'était donc pas en mesure de jouer un rôle de médiateur urbain entre le centre, le lieu des décisions politiques, et la périphérie, le territoire de toutes les relégations. Malgré cela, la politique doit s'émanciper des états-majors parisiens et regagner sa véritable place : l'assemblée du peuple.

Sur ce plan, les conseils de quartier étaient les instruments désignés de la transformation de la politique dans les banlieues populaires. Héritiers des dynamiques de mai 1968, ces organisations sont des ressorts qui invitent les habitants à participer à l'action municipale. Elles réunissent, outre les résidents du quartier et les élus, les travailleurs sociaux et les associations (sportives, de locataires, des commerçants, etc.).

Or, lorsqu'on effectue un patient inventaire de leur fonctionnement, on découvre une réalité différente. Les conseils de quartier fonctionnent sur le mode de la participation allouée puisque seuls les élus définissent le contenu de ces réunions et prennent les résolutions finales. Refusant de souscrire à la demande citoyenne de négocier leurs desseins politiques, les maires dédaignent la parole habitante. Il n'empêche, même si le corps politique s'obstine dans son refus de répondre aux besoins de démocratie locale exprimés ici et là, le problème de la représentation politique dans les banlieues populaires devra, tôt ou tard, être résolu. D'autant plus que l'élection de nombreux maires banlieusards est souvent le fait d'une minorité de leurs administrés. Les exemples sont légion. A ce titre, Vaulx-en-Velin se prête en modèle. Son maire, Maurice Charrier, avait obtenu 9410 voix lors du second tour de l'élection municipale de juin 1995 sur un total de 16 632 personnes inscrites. Or, la commune vaudaise comptait 44 100 habitants. Bien qu'il ne s'agisse pas de remettre en cause le principe du suffrage universel, on ne peut que s'interroger sur la légitimité de son élection. En 2001, les conditions de la vie politique dans les banlieues populaires ne sont pas démocratiques. Il n'existe pas de lieu de débat politique pour les personnes d'origine étrangère. Or, il n'est plus possible de laisser en friche la parole de quatre millions d'individus sous le fallacieux prétexte que le principe de la nationalité crée exclusivement la communauté de destin. A terme, ouvrir le scrutin local aux étrangers est une marche inévitable car plus qu'un acte participatif, le vote offrira à ses nouveaux électeurs les clés de leur intégration mentale et sociale. Ne minimisons pas cette charge symbolique.

**Le mythe du vote « beur »**

Si la pression, conjointement exercée par une partie de l'opinion et par les partis conservateurs, est à l'origine du refus d'accorder le droit de vote aux étrangers, le fait que les partis politiques ne savent pas si l'arrivée de ces nouvelles voix leur profiterait, est un facteur à prendre en compte. L'idée qu'il serait favorable aux partis de gauche a longtemps prévalu. A tort. Un sondage « sortie des urnes », réalisé à Saint-Denis et à Marseille par Schérazade Kelfaoui, géographe à ce moment-là au Centre de recherches et d'analyses géopolitiques de l'université Paris VIII, et par Vincent Geisser, chercheur à l'Institut de recherche sur le Maghreb contemporain de Tunis, à l'occasion de l'élection présidentielle du printemps 1995, infirme cette idée préjugée. Si les deux chercheurs observent que le comportement électoral des Français d'origine maghrébine reste marqué à gauche, ils notent que le plébiscite en faveur de Lionel Jospin au second tour ne saurait être interprété comme un vote de conviction. Et estiment que la période qui avait vu les « beurs » s'identifier aux espoirs de réforme sociale portés par la gauche en général et le parti socialiste en particulier, paraît désormais révolue.

De toute évidence, le vote maghrébin ou le vote beur procèdent d'une mystification intellectuelle. Les promoteurs de cette falsification soutiennent que le *lobbying* gouvernerait les Français d'origine maghrébine de la même manière qu'il commanderait les Français de confession juive. Si ces spéculations éthologiques n'ont aucune valeur scientifique, elles ont profité à un petit nombre d'associations antiracistes. En cela, France Plus est un cas exemplaire. A la veille des élections municipales de juin 1989, son président, Areski Dahmani, avait évalué à 1 120 000 le nombre d'électeurs beurs potentiels, soit 3 à 4 % du corps électoral français, et avait estimé à 506 le nombre d'élus parrainés par France Plus. D'où provenaient ses chiffres ? Il ne l'avait pas dit. Toujours est-il que le produit des recherches effectuées par Schérazade Kelfaoui chiffrait le volume d'élus parrainés par France Plus à moins d'une centaine. Alors, 500 ou 100 ? En vérité, Areski Dahmani n'en avait cure. Derrière cette mise en scène en trompe-l'œil, il s'agissait de rendre incontournable l'association antiraciste dans le jeu politique. En faisant sienne la maxime du marquis de Vauvenargues (« Le commerce est l'école de la tromperie »), Areski Dahmani avait gagné une place privilégiée dans les colonnes des journaux, aux côtés de Harlem Désir, son rival de SOS racisme. *In fine*, cette légitimation médiatique lui avait permis d'obtenir les faveurs des pouvoirs publics en général, et du RPR en particulier.

Dans les banlieues populaires, les résultats du premier tour des élections municipales de juin 1995 avaient témoigné de la faiblesse du vote ethnique. Il en fut ainsi dans le département du Rhône où une multitude de listes beurs furent présentées. A Vaulx-en-Velin, le Choix Vaudais, un mouvement composé de 20 Français d'origine maghrébine sur un total de 49 membres, avait obtenu 7,23 % des suffrages exprimés. La faiblesse de leur score dans le Bourg, la partie aisée de la ville, expliquait ce petit score. Néanmoins, les résultats obtenus dans les quartiers de la ZUP n'avaient pas dépassé la barre des 18 %, soit un taux en-deçà de leur espérance. Dans le même temps, le maire de la ville, qui n'avait accueilli aucun Français d'origine maghrébine dans son équipe, récoltait 40,81 % de voix. A quelques kilomètres de là, à Vénissieux, 32 Français d'origine maghrébine avaient rejoint les rangs écologistes. Leur liste avait obtenu 3,22 % des suffrages exprimés. Par comparaison, le maire communiste avait gagné l'adhésion de 46,36 % des électeurs. Deux français d'origine maghrébine figuraient sur sa liste. Enfin, à Pierre-Bénite, une liste composée exclusivement de Français d'origine maghrébine, « Mouvement solidarité jeunesse », remportait 6,58 % de voix. Dans le même temps, le maire communiste de la ville, qui n'avait pas accueilli de Français d'origine maghrébine dans son équipe, l'emportait dès le premier tour avec 54,08 % des voix. Au-delà de l'échec du vote ethnique, la déroute des listes franco-maghrébines fait état d'une rupture entre les intellectuels d'origine maghrébine et les jeunes des « quartiers difficiles ». Aveuglés par le désir de s'imposer dans le concert de la politique, les premiers se sont longtemps autorisés à parler au nom des seconds en tirant argument de leur connaissance des problèmes des quartiers et de leur population. Reste qu'ils avaient omis que ce qui uni ces deux groupes sociaux, à savoir le pays d'origine, ne fournissait pas les conditions d'une alliance emblématique. Parce qu'ils ont des parcours scolaires et des modes de représentation sociale différents, il n'y a aucun lien logique entre eux. Contrairement à ces jeunes, les intellectuels d'origine maghrébine sont intégrés dans la société française. Leur réussite scolaire et les fonctions professionnelles qu'ils occupent sont souvent exemplaires. Dans ces conditions, il est normal que les questions de citoyenneté suscitent leur intérêt et que le jeu politique les intéresse. Ce principe posé, il est incontestable que cette intégration prendra du temps car le personnel politique actuel s'oppose à cette évolution.

A l'inverse, un grand nombre de jeunes habitants des banlieues populaires ne se reconnaissent pas dans le schéma politique classique. Trimballant une existence nourrie d'amertumes et d'humiliations, ils peinent à adhérer à des mécanismes perfectionnés, qu'ils soient économiques, administratifs ou sociaux. Leur mode de pensée ne s'accommode pas aux jeux alambiqués de la politique. Quand un élu assujettit, par exemple, le prêt d'une salle municipale à l'écriture d'un projet de fonctionnement de ladite salle, ils interprètent cette exigence comme un geste de dérobade, une sorte de flagrant délit de fuite devant une sollicitation qu'eux jugent pressante. Lorsqu'ils réclament une salle, ils attendent une réponse dans l'instant. « On veut savoir si c'est oui ou si c'est non » gueulent-ils. Reste à ne pas se méprendre. L'excès de leurs attitudes ne relève pas exclusivement de conduites capricieuses. Ce sont, en effet, les mœurs particulières d'une multitude de maires des banlieues populaires (pratiques mafieuses, clientélisme, corruption) qui en sont à l'origine. Ainsi, nombre d'entre eux ont longtemps acheté la tranquillité de ces jeunes pour s'offrir une paix honteuse. Mais la forte progression du Front National, la nature toujours plus excessive des revendications juvéniles et la multiplicité des émeutes urbaines avaient fini par mettre à mal ces stratégies. Tous les maires de banlieue n'ont pas banni cette mauvaise coutume. D'après un acteur économique francilien qui tient à garder l'anonymat, ces pratiques auraient toujours cours à Sarcelles (Val d'Oise). « Les élus ont acheté la paix sociale en engageant des jeunes qui foutaient le bordel, confie-t-il. Sur leurs 140 emplois jeunes environ, une trentaine font de la médiation. Et une partie de ces trente sont des délinquants ou des prédélinquants qui exigeaient un statut d'emploi jeune de façon à être plus sereins dans le bordel qu'ils continuent à foutre dans leur cité. Certains, poursuit-il, sont impliqués dans des actes de délinquance majeure et ont affaire à la justice. Je ne pense pas que les élus soient responsables, croit-il savoir, seulement, il y a eu un manque de rigueur dans le recrutement. Et puis, il faut dire qu'il ne sont pas les seuls dans cette situation. Beaucoup de jeunes se sont emparés du dispositif emploi jeune en disant : « c'est pour nous, on veut un contrat de travail ». Encore une fois, c'est pas le boulot qui les intéresse; ce qu'ils veulent, c'est être peinards lors des contrôles policiers de leur activité professionnelle. Le plus grave, c'est que c'est aussi une façon pour eux de blanchir de l'argent sale. Je crois, conclut-il, que si la ville de Sarcelles a acheté la paix sociale en embauchant ces jeunes, c'est par choix politique. Et je crains malheureusement qu'elle ne soit pas la seule dans ce cas ». Ce témoignage présente un double intérêt. D'une part, il révèle un grave dérapage politique dans l'achat de la paix sociale puisque le dispositif « emploi jeune » est alimenté par des fonds d'Etat. D'autre part, il indique une inflation du coût de la pacification d'une commune. Hier, les élus donnaient des chèques. Aujourd'hui, ils distribuent des statuts sociaux. Et demain ?

**La crise du pouvoir**

Nous ne le répéterons jamais assez : la rupture de la vie politique d'avec les banlieues populaires est la cause première du marasme du territoire urbain. Quoi qu'on entende ici et là, la reprise économique ne réparera pas ce que la politique a défait. Or, qu'observons-nous ? Le pouvoir est un objet en crise car les administrés n'hésitent plus à s'opposer à leurs administrateurs. Les premiers s'énervent et dénoncent, pêle-mêle, les artifices des seconds, leur éloignement du quotidien et les affaires de corruption. Ils réclament de vrais débats publics pour discuter les choix socio-économiques de l'équipe municipale en place et demandent que leurs voix soient enfin prises en compte. Les seconds, pour leur part, assimilent la ville à un champ de bataille, usent du vocabulaire de la démesure et de l'animosité et agitent l'étendard de la nation en péril à la moindre manifestation de rébellion. Faut-il en être surpris ?, toujours est-il que le comportement conservateur des élus trouve grâce auprès de la frange aisée de la population, celle qui vit dans les centre-villes des agglomérations. Plus grave, l'espace commun aux habitants des quartiers difficiles et aux nantis s'est fortement réduit ces dernières années. Les deux parties se méconnaissent, s'ignorent et se rejettent. A Toulon, Orange, Marignane et Vitrolles, cette division de classe avait offert le pouvoir local au Front National. Le risque de voir le national-populisme profiter davantage encore de ces tensions se concrétise à chaque élection et doit amener nos élus vers de meilleures intentions. Cependant, et c'est là une nouvelle heureuse, l'arrivée dans le champ politique de nouveaux acteurs (comités de jeunes, associations de Français d'origine maghrébine, etc.) montre que les citoyens des banlieues populaires revendiquent, malgré tout, un lien politique avec le reste de la communauté nationale. A ce titre, les élections organisées dans le quartier des Peintres au Val Fourré, en octobre 1993 et en mars 1995, en furent une preuve rassurante.

Tout avait commencé en juin 1992, lorsqu'un petit groupe d'habitants décidait de créer un conseil de quartier. Au bout de plusieurs mois de pourparlers avec les représentants du quartier, la ville reconnaissait au conseil des compétences consultatives en matière d'aménagement urbain et de vie sociale. Le 3 octobre 1993, 852 personnes, sur un total de 3200 inscrits, votaient pour élire leurs dix représentants. Outre des jeunes, le conseil de quartier comptait dans ses rangs des groupements d'individus (associations, commerçants, etc.), des représentants de l'Etat (des policiers, des pompiers, des enseignants, etc.), la société d'HLM et trois élus dont le maire. L'initiative mantoise a eu des résultats positifs. Objet d'animosité au départ, détruite ensuite par un feu criminel, reconstruite après la signature d'une convention entre la ville et le conseil, la maison du citoyen fut un vrai lieu de structuration du quartier. Autre succès à l'actif du conseil, il a délocalisé au plus près de chaque individu des pouvoirs multiformes (police, caisse d'allocations familiales, éducation nationale, etc.), créant au quotidien les conditions d'une restauration des relations entre habitants et pouvoirs publics. Ainsi, si la présence policière était auparavant contestée par certains jeunes, le conseil avait réussi à dissiper, après moult débats, cette méfiance juvénile. De sorte qu'aucun accident majeur ne fut recensé dans le quartier entre 1993 et 1995.

Le changement de majorité municipal en juin 1995, conjugué à une sombre histoire d'argent, ont tué cette initiative. « C'est un vrai gâchis, estime Farid Bouali, le premier président du conseil de quartier. Aujourd'hui, la ville n'a plus d'interlocuteur sur le Val Fourré. Le conseil de quartier avait pourtant prouvé son utilité. Il s'intéressait au quotidien des gens : la hausse des loyers, la création d'un marché, les aménagements extérieurs, etc. Et surtout, il avait mis la politique de la ville au niveau où elle doit être : à l'échelle des quartiers. Dès lors, comment voulez-vous que ça n'explose pas ? »

## Chapitre 4

### *Un objet de rupture : les médias*

L'action se passe au Val Fourré, un jour de janvier 1991. Mimoun, un animateur du quartier des Ecrivains, est sur les nerfs. Le maire de l'époque, Paul Picard, a exigé la coopération des « jeunes » avec l'équipe de journalistes de l'émission Médiations, un programme diffusé sur TF1. La première chaîne de télévision n'a pas eu à déployer beaucoup de trésors de séduction pour obtenir l'entière collaboration de l'élu mantois. Ses 40 % de part de marché et une invitation à participer à l'émission du journaliste François de Closet avaient convaincu le maire socialiste de coopérer. La chaîne privée avait compris le bénéfice d'un tel passeport. La crise du Golfe venait de déboucher sur une guerre qui menaçait de fracturer la communauté maghrébine. Les témoignages d'adolescents favorables à Saddam Hussein avaient persuadé la première chaîne de la transformation prochaine des « banlieues » en bastion anti-Français.

Si Mimoun avait pu convaincre quelques jeunes de répondre aux questions des journalistes, il doutait de leur honnêteté. « Je suis sûr qu'ils vont encore faire un montage qui va nous retomber sur la gueule, dénonçait-il. Et puis, les jeunes ne veulent plus être filmés. Ils ne veulent plus qu'on les manipule » avait-il confié à son chef. « Peut-être, lui avait répondu l'autre, mais là, on n'a pas le choix. Le maire a promis à TF1 qu'on leur facilitera la tâche. »

Ce soir-là, le spectacle interprété dans le local des Ecrivains est étrange. Dans un coin de la pièce, des adolescents jouent au tennis de table, d'autres aux dames. A l'autre extrémité, trois jeunes satisfont au jeu de l'interview. Les caméras cherchent les visages, multiplient les gros plans et se hasardent parfois à explorer le lieu. Les réfractaires, d'ordinaires rieurs, restent stoïques, têtes baissées. Mimoun est près d'eux. Soudain, on frappe à la porte. Il se lève brusquement pour ouvrir. A peine est-il arrivé à l'entrée, qu'un technicien le somme de ne pas déverrouiller la porte. « Cela va nuire à mon éclairage », chuchote-t-il. Mimoun se retourne et le fixe, les yeux furibonds et noirs. Il remonte la fermeture de son blouson et lui lance : « Ici, c'est chez moi, tu piges ? ». Avant de sortir, il signale aux jeunes qu'il sera rapidement de retour. Kamel, animateur à l'Agoretta, est venu lui rendre visite. « C'est interdit de rentrer ? » lui demande-t-il. « Ouais. Le local a été racheté par TF1. Ils en ont fait un studio de production » ricane Mimoun. « Ah bon, ils sont ici aussi ? Chez nous, ils sont passés trois fois. C'était chiant. Surtout qu'il fallait qu'on s'enlève du champ de la caméra à chaque fois qu'ils filmaient ». « Ils étaient d'accord pour parler, tes jeunes ? » demande Mimoun. « Tu rigoles ! Il y en a plein qui sont repartis en courant quand ils les ont vu. Les seuls qui ont accepté, c'est la bande à Mousse. Ils ont encore une fois sorti leur tchatche. A mourir de rire ! ». « Ouais, eh bien moi, j'attends qu'une chose, c'est qu'y se cassent. J'en ai marre qu'ils nous visitent comme des animaux » s'insurge Mimoun.

Même si elle est vieille de dix ans, cette anecdote est un juste résumé des rapports entre les médias et les banlieues populaires. Entre eux se cachent des arrière-pensées d'entente, voire de franches complicités, mais aussi de violentes réprobations motivées par quelques trahisons. Quand la presse se plaint du climat malsain de certains quartiers et des difficultés à y effectuer des travaux d'investigation, les habitants déplorent les mauvaises manières des journalistes. Contrecoup logique de ce divorce, les dérapages journalistiques ne se comptent plus. Avant d'analyser les séquelles de la désunion de ce couple infernal, il importe de décrypter les égarements de certains médias, dont la gravité justifie malheureusement le désaveu qu'encourre une partie de la profession.

## Des dérapages inquiétants

Le premier type de bévue porte sur les informations erronées. Ainsi, lorsque le collaborateur de l'hebdomadaire *Le Point*, Philippe Aziz, déclare dans une interview au quotidien *France Soir* que « selon des statistiques officieuses, et soigneusement tenues secrètes, la proportion de détenus d'origine maghrébine dans les prisons françaises représente 72 % alors que la communauté musulmane en France ne compte que 4 millions de personnes », la nature de son affirmation laisse songeur. D'où viennent ces données ?, a-t-on envie de lui demander. Mais ne tournons pas autour du pot. Le pourcentage supposé élevé des prisonniers français d'origine maghrébine relève du mythe. L'administration pénitentiaire recense les détenus en fonction de quatre critères exclusifs : le sexe, l'âge, la nationalité et le motif de l'emprisonnement. L'origine des détenus n'est pas recueillie par le ministère de la Justice. Au reste, les statistiques du ministère de la Justice montrent une stabilisation du taux de détention des étrangers autour des 30 % au cours des cinq dernières années. Ce nombre est élevé. Mais, il serait faux de conclure à une prétendue surdélinquance des étrangers, un autre mythe dont la seule évocation fait le bonheur de l'extrême droite. Dans son appel du 14 septembre 1996 à manifester « contre l'insécurité », au lendemain de l'assassinat à Marseille d'un adolescent, le quotidien *Présent* ne clamait-il pas lui aussi que « 70 % des délits et crimes dans la région marseillaise sont dus à l'immigration » ? Heureusement, une étude effectuée en 1995 par Pierre Tournier sur la délinquance des étrangers en France, établit la mystification.

Dans ses conclusions, l'ingénieur du Centre de recherches sociologique sur le droit et les institutions pénales (CESDIP) estimait que si on exclut les infractions à la police des étrangers, on trouve, en 1993, une proportion de 14 % d'étrangers parmi les personnes mises en cause par la police alors que ce pourcentage n'est que de 6 % dans le recensement de la France (1990). Est-ce que ces chiffres justifient le fait que l'on parle de surdélinquance des étrangers ? Sur ce point, le chercheur est catégorique. « En fait, certains éléments concernant les modes d'approvisionnement du système pénal nous font penser que ce pourcentage pourrait être inférieur. La lutte contre l'immigration clandestine amène les forces de police à intervenir davantage dans les quartiers à forte densité étrangère et donc à détecter plus facilement les infractions commises par des étrangers. Dans cette « police proactive », tout est affaire de moyens en hommes et du temps qu'on y consacre. Par exemple, pour ce qui concerne les agressions (infractions où beaucoup d'étrangers sont impliqués), plus le coupable est un proche de la victime, plus celle-ci hésite à traiter l'agression comme une infraction. Au contraire, plus l'auteur lui est étranger, plus elle est portée à déposer plainte. On peut donc penser que la proportion d'étrangers serait plus faible si on connaissait tous les auteurs de toutes les agressions. »

Le second exemple de dérapage volontaire se rapporte à un article du *Figaro Magazine*, en date du 25 novembre 1995. La journaliste de l'hebdomadaire relatait une visite du ministre de l'Intégration, Eric Raoult, dans un quartier de la commune de Meaux (Seine-et-Marne). Le dossier de presse, cité par la rédactrice, disait de ce site qu'il comprend « 1850 logements, 5000 habitants, 50 % de familles étrangères, 25 % de foyers monoparentaux et 20 % de locataires ne vivant que de ressources sociales ». « Visiblement, affirmait la consœur, le ministre suspectait une autre réalité. Avant d'être ministre, signale-t-elle, Eric Raoult est en effet maire du Raincy, ancien député de Seine-Saint-Denis et, surtout, enfant des cités. Les chiffres ne l'impressionnent pas, il connaît trop la réalité pour être dupe de la façon dont les statistiques l'édulcorent. » Un peu plus loin, la journaliste évoquait « la proportion des ménages vivant d'un salaire, comparée à celles des foyers où n'entrent que des revenus « sociaux » (RMI, API, APL, allocations familiales). Sur deux cités étudiées par la DIV, écrivait-elle, ce ratio était de 15 % de familles avec salaire (s) et de 85 % installées dans l'assistanat ». Cet article est un étalage d'informations factices car il use d'une pratique courante du journalisme de conviction : l'utilisation de données à la provenance énigmatique dans le seul but de donner du corps à un texte. Interrogée sur l'étude mentionnée par le *Figaro Magazine*, une ancienne fonctionnaire de la DIV rejetait l'information. « La DIV n'a pas vocation à effectuer des études. Par contre, confiait-elle, ses décrets d'attribution l'autorisent à inspirer, financer voire à commander des travaux sur les quartiers de la politique de la ville. » Les pourcentages du *Figaro Magazine* méritent eux-aussi les plus grandes réserves. Une étude portant sur les conditions de vie des habitants demeurant dans les quartiers prioritaires de la politique de la ville et dans les grandes unités urbaines, - un travail conduit pendant l'hiver 1993-1994 par l'INSEE, avec la participation du PIR-Villes CNRS, du Plan Urbain, de la CNAF et de la DIV -, infirmait ces données. Elle soulignait que la part des ménages dont les prestations institutionnelles (hors retraites) constituent plus du quart des revenus, atteignait les 26 % dans les quartiers contre 15 % parmi les ménages urbains. Cependant, poursuivait l'auteur du document, « cet indicateur ne doit pas amplifier l'image d'une dépendance de la population des quartiers à l'égard des revenus de prestations. Pour six ménages sur dix, en effet, les revenus d'activité constituent la première source de revenus, ce qui est une proportion proche de celle observée pour l'ensemble des ménages urbains. Les prestations sociales, si elles occupent une place essentielle dans les ressources d'une partie des ménages, constituent en réalité qu'une fraction limitée du revenu total perçu par les habitants des quartiers. Prestations familiales, allocations logement, allocations de chômage, RMI, pensions alimentaires et aides reçues entrent pour environ 16 % dans l'ensemble des revenus déclarés à l'enquête dans les quartiers tandis que les salaires représentent près de 63 % et les retraites et pensions 18 %. »

## Le choix de la photo spectacle

Le second type d'errance journalistique concerne les couvertures malsaines de certains magazines. Il est impossible de toutes les recenser. La description de deux couvertures aura donc valeur d'illustration. Le 26 octobre 1995, le métro parisien affichait sur la plupart de ses panneaux publicitaires la « Une » du *Nouvel Observateur*. La photographie montre un agent de police, vu de dos, face à un immeuble qui couvre la page entière du journal. Seul le bas du cliché parle avec clarté. Il rend compte d'une arme, impressionnante, prête à servir, et du relèvement de la manche droite de la chemise du fonctionnaire, comme pour nous signifier que dans ces endroits, la tâche est immense. Le haut de la photographie baigne dans un clair-obscur inquiétant. L'immeuble paraît sans vie et sans fin. Nul habitant aux fenêtres ou sur les balcons. Où sont-ils ?, a l'air de se demander le policier. L'angle de vue du photographe oblige le lecteur à se projeter tout près du fonctionnaire, donc à partager ses angoisses. Entre la casquette du policier et les lettres de couleur rouge sang de l'hebdomadaire, figure un surtitre, « L'insécurité en banlieue », et un titre, « Les cités où la police ne va plus ». Le procédé est habile. Le magazine affiche un agent qui va et un message nous annonce les quartiers où les agents ne vont plus. Si le principe de contradiction est un puissant argument de marketing, cette couverture n'en reste pas moins dangereuse. Elle affirme, d'une part, une information d'autant plus fantaisiste que les agents de police entrent dans toutes les cités de l'hexagone, - à l'intérieur de ce même magazine, un commissaire déclare que les policiers peuvent entrer partout -, et esquisse, d'autre part, une banlieue fantasmagorique, un lieu qui s'apparente davantage à un plan de cinéma qu'à une image d'actualité. Au final, la « Une » du *Nouvel Observateur* ne donne aucune information.

Le second cliché se trouve dans l'hebdomadaire *Le Point*, daté du 2 mars 1996. La photographie de couverture représentait deux Marianne, l'une en avant de l'autre. La première avait le visage dénudé et les épaules en partie recouvertes du tchador que portait la seconde. Bien évidemment, cette dernière était entièrement voilée. Le surtitre annonçait « L'islam en France » tandis que le titre précisait que « Les intégristes sapent la République ». Le message était limpide et ne prêtait pas à la confusion. Il n'empêche, cette couverture dégageait un effet superficiel et tendancieux. La superposition des termes « islam » et « intégristes » autorisait, en effet, des amalgames et portait la suspicion sur la religion musulmane. Les mauvaises intentions de l'hebdomadaire étaient d'autant plus manifestes que la photographie laissait présager que ce magma formé par l'islam et les intégristes s'apprêtait à absorber la France. Tout aussi symbolique est la position des deux Marianne. Située en avant, la première symbolisait le progrès, la modernité et la pureté. La deuxième, en retrait, exprimait l'archaïsme, le déclin et le trouble. Comme le *Nouvel Observateur*, *Le Point* avait décidé d'éprouver les peurs irraisonnées de ses lecteurs et de réveiller leurs pulsions d'auto-conservation.

**Des faits-divers escamotés**

Le troisième style d'à-peu-près journalistique se rapporte aux substantifs employés dans les récits de fait-divers, et dans les articles généraux sur les banlieues populaires. Le 25 août 1995, le quotidien régional *Le Parisien* relatait sur quatre pages un fait-divers mortel qui s'était déroulé la veille dans le quartier d'Orgemont, à Epinay-sur-Seine (Seine-Saint-Denis). La « Une » attestait de « La violence aveugle en banlieues ». Les pages 2 et 3 annonçaient en titre qu' « ils tuent au hasard dans la rue ». Juste en-dessous, le caricaturiste du journal faisait dire à l'un de ses personnages, un agent de police, que « Les banlieues, c'est comme les poubelles, t'as beau toutes les surveiller, y'en aura toujours une qui explosera ». Toujours en page 3, un article s'intitulait « Un quartier qui vit dans la peur ». Juste à côté, un encadré proclamait que "Sa poitrine s'est couverte de sang". Enfin, les pages 4 et 5 étaient barrées d'un commentaire du maire socialiste de la ville où l'élu certifiait que « Les armes à feu circulent dans les cités ». C'est donc à une lecture instructive que nous invitait *Le Parisien*. Reste à en analyser le fond. Disons-le tout net : sous prétexte de rendre compte d'un fait-divers dramatique, les rédacteurs du quotidien ont dépeint la banlieue telle qu'ils la perçoivent : un territoire « violent, sale, explosif, sanglant et terrifiant ». Cette interprétation allégorique des mystères d'un fait-divers est grave car elle s'imbrique dans un objet réel, - un incident mortel -, et associe malhonnêtement information et élucubration. Dans le récit du *Parisien*, la cité d'Orgemont n'existe pas. Elle n'est que l'incarnation physique de toutes les banlieues populaires du pays, un espace qui sert de décor praticable à la description supposée du quotidien des quartiers en crise. C'est la raison pour laquelle le récit de ce fait-divers ne souligne pas l'actualité d'un problème social, - la violence dans les banlieues populaires -, mais se lit plutôt comme un scénario de cinéma, une version journalistique d'un film sorti en salle quelques mois plus tôt, *La Haine* de Mathieu Kassovitz.

Il importe ici de démythifier l'élément qui donne de la consistance au synopsis du *Parisien*, la prétendue circulation des armes dans les cités. Cette légende est apparue il y a quelques années dans les colonnes des journaux et, à la manière du Loch Ness, elle resurgit brutalement au hasard des actes de violence urbaine. A la lecture d'une note des renseignements généraux, un organisme qui verse souvent dans le catastrophisme, il semble que la dérive annoncée n'a que peu de réalité. « Pour impressionnante qu'elle soit, précise l'auteur de cette note, l'usage des armes à feu par les jeunes des quartiers sensibles reste encore exceptionnelle et contenue dans certaines limites : les armes utilisées sont en vente libre et servent en majorité aux affrontements entre jeunes ou au vandalisme. » Si l'on observe une structuration du phénomène de bande en lien avec la délinquance et l'augmentation des petits trafics, l'affirmation de la circulation des armes dans les cités est infondée. De plus, comparativement à ce qu'on observe dans le reste du pays, le recensement des armes à feu ne dévoile pas une surabondance d'artillerie dans les banlieues populaires. Et le jour où l'on évaluera avec exactitude le volume d'armes à feu dissimulées dans les armoires des résidents des centre-villes de nos sages métropoles ou dans les garages des lotissements privés, le résultat de ce dénombrement risque de faire passer les abords de Vaulx-en-Velin et d'Epinay-sur-Seine pour des rives tranquilles.

## Le mythe des cités interdites

Autre exemple de dérapage « informatif », cet extrait de l'hebdomadaire l'*Express*, daté du 18 au 24 janvier 1996. Sur la page de garde, le titre nous avisait : « Ces quartiers où la police a peur d'entrer ». En page 29, un article contait « Les cités interdites ». Et en page 30, il était question des « 100 points les plus chauds ». Nul besoin de s'arrêter sur le titre, on a vu précédemment le caractère erroné d'une telle affirmation. Au demeurant, la peur est un sentiment difficile à quantifier et s'accommode de toutes les thèses. La diabolisation des banlieues populaires a convaincu une grande partie du corps policier des périls de leur fonction et intériorisé chez eux l'idée de l'incontestabilité des conflits avec les jeunes. Il n'y a pas en France de cités fermés aux agents de l'Etat. Quiconque sillonne et étudie rigoureusement les banlieues populaires ne peut que contester le mythe des cités interdites. Ayant suivi un équipage de nuit en mai 2000 dans les communes périphériques de Lyon (Vénissieux, Vaulx-en-Velin, Saint-Fons, etc. : des noms qui retiennent l'attention du grand public) pour les besoins de cet ouvrage, j'ai constaté que la police va en tous lieux. Du reste, l'article de l'*Express* ne mentionne pas les noms de ces « cités interdites », tout juste donne-t-il les noms des cents points supposés les plus chauds de l'Hexagone. Faut-il en déduire qu'ils représentent les « cités interdites » ? La crainte de la réprobation locale a, semble-t-il, interdit ce raccourci suggestif au journaliste. Pourtant, le non-dit domine et entache les cent quartiers susnommés. Pour motiver ses conclusions, l'auteur use d'une méthode éprouvée quelques mois auparavant par le Syndicat des commissaires et hauts fonctionnaires de la police nationale (SCHFPN), puisqu'il construit son raisonnement en croisant les éléments de faits-divers avec des données fournies par la DIV, les services de police et la RATP. L'addition de tous ces facteurs aboutirait, selon lui, à l'émergence de zones de non-droit. Quel crédit peut-on apporter à une opération d'addition (ou de soustraction) d'éléments de sources distinctes ? Aucun, car il est établi que seule la source détermine la mesure et attribue le caractère scientifique à une information.

L'expression « cités interdites » est une invention diabolique du SCHFPN. En octobre 1995, ce syndicat de commissaires avait rendu public un rapport sur « La violence des mineurs », un dossier complété deux mois plus tard par un document intitulé « La cité interdite ? ». Parce que la publication de ce travail était intervenue au milieu d'un énième débat sur les banlieues populaires, il avait obtenu les faveurs aveugles de nombreux médias. D'une teneur fortement alarmiste, « La cité interdite ? » constitue une succession ininterrompue de statistiques regroupées autour de quatre thèmes : la violence des mineurs, la violence urbaine, la drogue et le facteur ethnique et religieux. L'inventaire dressé par les commissaires de police était effroyable. « 63 000 mineurs sont impliqués dans des crimes ou des délits, soit une progression de 15 % de plus qu'en 1994. En 1995, la situation s'aggrave encore. (...). La violence urbaine connaît une envolée de 17,75 %. En 40 mois, les faits mensuels de violence urbaine ont explosé de 87,65 %, de 3018 faits en 1992 à 4665 en 1994. (...). Le nombre des quartiers affectés par la pénétration de la drogue est passé de 600 à 727. » Aussi percutant soit-il, ce tableau contenait un grand nombre d'informations inexactes. Tout d'abord, affirmer en 1995 que la délinquance des mineurs est en augmentation continue est un leurre. Si le nombre total des mineurs mis en cause en 1994 est de 109 938, statistiques de la police et de la gendarmerie confondues, contre 92 912 en 1993, il faut rappeler que le nombre de mineurs délinquants s'était élevé à 104 749 en 1982 et 107 600 en 1986. Une note en date de septembre 1995 de la Direction de la protection judiciaire de la jeunesse, un organe qui dépend du ministère de la Justice, certifiait que si « depuis 1991 l'évolution d'ensemble du nombre de mineurs mis en cause pour des actes de délinquance s'inscrit à la hausse, il faut toutefois signaler que de fortes fluctuations ont été enregistrées en ce domaine depuis le début des années quatre-vingt sans évolutions significatives sur le long terme dans un sens ou dans l'autre ». En outre, précisaient ses auteurs, « ces données ne reflètent qu'imparfaitement le niveau général de la délinquance juvénile puisque seuls les auteurs mis en cause et non les actes commis peuvent être répartis en fonction de l'âge de l'auteur. » Qu'en est-il en 2001 de cette violence juvénile, comme de la violence urbaine ?

## La saga des violences urbaines

D'après l'hebdomadaire *Marianne* (12 au 18 octobre 1998), la violence des mineurs a augmenté de 81,48 % entre 1987 et 1996. Dans cette même édition, *Marianne* nous explique « pourquoi les chiffres sont minimisés ». « Les chiffres sont plus que contestables puisqu'ils émanent d'Etat 4001, le fichier officiel de la police et de la gendarmerie. Etat 4001, est-il écrit, ne tient pas compte des contraventions ni des incivilités et ne recense que les faits qui ont été signalés aux autorités et ont donc fait objet d'une plainte. » De son côté, l'*Express* (10 décembre 1998) affirme que le volume de la violence a quintuplé en six ans. Contrairement aux années 90-95, l'heure est désormais au réquisitoire. L'éditorialiste du *Point*, Claude Imbert, veut se dresser « contre quelques tabous » (16 janvier 1999) et Bernard Morrot, de *Marianne*, demande s'il « faut enfin dire toute la vérité » (12 au 18 octobre 1998). Sur quoi se fonde ces hebdomadaires pour jurer de cette explosion de la violence ? Une nouvelle fois, sur la qualité des chiffres des renseignements généraux et sur celle du syndicat des commissaires, lui-même informé principalement par les ...

renseignements généraux. Doit-on tenir pour vraies toutes les statistiques communiquées par les R.G. ? Non car elles méritent d'être relativisées. « Un chiffre n'a aucune valeur absolue et doit être expliqué, confie un haut fonctionnaire du ministère de l'Intérieur. Nous faisons un travail d'observation de choses repérées sur le terrain par nos correspondants locaux. Nos informateurs n'observent d'ailleurs pas tout dans les quartiers, ils n'en ont pas les moyens. C'est d'ailleurs la raison pour laquelle la section « Villes et banlieues » travaille sur un échantillon de quartier. En cela, on peut considérer qu'elle a une vision partielle des phénomènes de violence urbaine. A la limite, je dirais qu'elle donne une vision déformée de ce qui se passe dans ces quartiers même si le travail qu'elle fait depuis plusieurs années lui permet de dégager des évolutions et des analyses structurelles. Je pense par exemple, au développement des violences collectives dans les centre-villes, au durcissement des actes de violence et à leur extension à travers le pays » conclut le haut fonctionnaire.

Le ministère de l'Intérieur se défendant d'être l'auteur des chiffres excessifs de la carte de France de la violence urbaine, le coupable est à rechercher une nouvelle fois du côté du syndicat des commissaires de police. D'après le haut fonctionnaire précédemment cité, « ce syndicat profite de la présence de certains de ces membres à certains postes de l'administration ». Et d'évoquer Richard Bousquet, en charge des questions de sécurité auprès de Francis Idrac, le délégué interministériel à la ville entre 1994 et 1997. « Puisque Francis Idrac recevait toutes les notes des renseignements généraux sur les quartiers de la politique de la ville, Richard Bousquet avait accès à ces informations. Et il ne s'est pas gêné pour les utiliser. Ce qui est scandaleux car le but du travail de la section « Villes et banlieues » des renseignements généraux n'est pas d'alimenter une corporation mais de faire un travail d'observation. Je trouve d'ailleurs piquant, ajoute-t-il, que ce même Richard Bousquet remercie aujourd'hui Lucienne Bui-Trong (ancienne commissaire responsable de « Villes et banlieues ») dans son livre sur l'insécurité (*Insécurité : nouveaux risques* ) alors qu'il l'a pillé. » Ce constat établi, difficile de ne pas exprimer des doutes sur l'ensemble des articles relatant la violence urbaine au cours de ces dernières années. Au-delà des questions de probité, une seule chose est sûre : le chiffrage de la violence urbaine est complexe. En cela, la juriste Cécile Barberger a raison d'avertir que « pour une part impossible à évaluer à priori, parce que soumise aux aléas de la vie sociale et aux décisions des autorités, les statistiques de la criminalité décrivent les variations de l'activité des services de police judiciaire et non les variations de la criminalité objective. » Pour illustrer ce jugement de précaution, le témoignage d'un commissaire de police d'une grande agglomération est des plus intéressant. « Je crois qu'il faut isoler chaque fait de son contexte général, déclare-t-il d'emblée. Attention, cela ne veut pas dire qu'il faille minimiser la violence urbaine, seulement, il faut arrêter cette surenchère. On n'arrête pas aujourd'hui d'exacerber les peurs des gens. Je reçois tous les jours des lettres de régies immobilières qui se plaignent de ce que des jeunes fument du shit et boivent de l'alcool dans leurs allées, et agressent leurs locataires. (...). Un tel courrier ne peut que vous mettre en colère. Nom d'une pipe, une allée ou un immeuble, c'est quand même un espace privé ? Voilà pour résumer la situation dans laquelle se trouve la police aujourd'hui et ce qu'on lui demande de faire. Je crois que le problème de notre société est là : tout le monde démissionne. On vit dans une société d'assistanat. (...). Résultat, on demande tout et n'importe quoi à la police. » Questionné sur la valeur des statistiques, ce commissaire se veut explicite. « Les statistiques ne sont rien d'autre qu'une équation à une inconnue : que veut-on en faire ? Vous voulez plus de moyens de la part de l'Etat ? Dans ce cas, si vos statistiques baissent, on vous dira, bravo, continuez, mais vous n'aurez pas de moyens supplémentaires. Or, comme j'ai besoin de moyens supplémentaires, j'ai donc intérêt à relever mes chiffres. Tous les policiers le savent, le gonflement des chiffres est aujourd'hui la réponse la plus appropriée aux problèmes d'effectifs ».

## Le divorce habitant/journaliste

Les ressentiments banlieusards à l'égard de certains journalistes ont donc quelques raisons d'exister. Et puis, comment ne pas comprendre cette rancœur quand vous les observez dans ces territoires agissant comme en pays conquis, filmant et photographiant impudiquement, fouillant dans les histoires individuelles comme on furète indiscrètement dans un tiroir, corrompant avec quelques billets la frange paumée des quartiers en échange d'images de voitures brûlées ou de supermarchés dévastés ? Les méthodes d'investigations de ces journalistes sont toutes aussi viles. Ils vont sur le terrain pour confirmer l'exactitude de leurs appréciations sur la banlieue, guettant ici des graffitis, là des débris de voitures calcinées, demandant aux uns le nombre de drogués vivant dans leur quartier et aux autres, le nombre de fusils cachés dans les faux plafonds des immeubles. Contrecoup direct (?) de ces pratiques indignes, nombre d'habitants des banlieues populaires développent des comportements déconcertants lorsqu'ils sont confrontés aux médias. Où l'on observe que lorsqu'ils sont interrogés sur leur cadre de vie, ils expriment sans nuance des sentiments de mépris vis-à-vis de leur quartier. Sitôt rentré, le journaliste écrira, du moins le pensera-t-il, un article d'une parfaite honnêteté. Hélas pour lui, son récit sera décrié, lors de sa publication, les personnes rencontrées s'estimant salies et trahies. Aussitôt, les uns, souvent les plus jeunes, voudront lui faire la peau, quand les autres attesteront qu'ils ne parleront désormais plus aux journalistes. A l'écoute des deux parties (journaliste et habitants), le fautif est l'autre. D'où vient cette rupture ? Incontestablement, le moteur de cette désunion est l'incommunicabilité entre ces deux mondes. Pour illustrer ce divorce, le reportage controversé de Caroline Mangez, journaliste à *Paris-Match*, expose de façon exemplaire cette fracture de classe.

La reporter avait occupé durant deux mois et demi un appartement du quartier de la Grande-Borne, à Grigny (Essonne) afin, écrit-elle, d'« explorer, vingt-quatre heures sur vingt-quatre, l'une des 716 zones urbaines sensibles répertoriées par le ministère de l'Intérieur, considérée comme dangereuse par la police ». A la suite de la parution de deux articles, récit de « son immersion en banlieue », Caroline Mangez fut accusée de « bidonnage » par une partie de la population, par la municipalité et par quelques journalistes de la presse nationale. Même si le débat sur la falsification de la vérité est de poids, nous ne nous y arrêterons pas. Nous avons vu précédemment les effets du mensonge journalistique. Intéressons-nous cette fois-ci aux questions de fond. Pour démontrer la sincérité de son propos, la journaliste avait objecté à ses détracteurs qu'elle « a donné l'image de la cité telle qu'elle est, avec ses pauvres qui « se reproduisent », avec ses poubelles à la rue, avec ses chômeurs, ses étrangers, ses pitbulls, ses drogues, mais aussi la solidarité, la générosité, la chaleur et l'humour de ceux qui y vivent ». Qu'en penser ? La publication, quelques mois plus tard, d'un ouvrage dans lequel la journaliste de *Paris Match* raconte par le détail son expérience banlieusarde est des plus utile car il nous donne à lire un récit altéré par des préjugés indéracinables. Jamais Caroline Mangez n'a réussi à s'émanciper complètement de son milieu social. A-t-elle au moins essayé? Et parce qu'elle ne peut (ou refuse) de se dégager de son option idéologique (à savoir, elle est une journaliste parisienne qui travaille dans un hebdomadaire distingué et qui va explorer la banlieue), il en résulte une impression désagréable parce que factice. Où il s'avère que le compte-rendu de Caroline Mangez est réducteur car les individus rencontrés sont relégués à des états de carence (ils sont sans travail, sans argent, sans savoir-vivre, etc.). En outre, elle présente une Grande-Borne standardisée (les éléments fondamentaux constitutifs de la banlieue sont tous là) et esthétisée (le cadre urbain est une figure schématique d'un décor de cinéma). Ce jeu de construction d'un monde banlieusard misérable disqualifie son travail. Surtout, il prouve que le fait de demeurer quotidiennement dans son espace de recherche ne met pas l'enquêteur à l'abri d'une sur-représentation de ses valeurs dominantes.

On ne le répètera jamais assez, les banlieues populaires sont des lieux complexes, parcourus par des histoires et des mystères insondables et indicibles aux discernements volontaristes de certains médias. Un quartier n'est pas un objet d'exhibition en attente d'une caméra ou d'un appareil photographique. Il ne se vend pas au plus offrant. Pour se livrer, ses habitants doivent être mis en confiance. Cette phase d'approche réclame du temps. Il est important de ne pas la bousculer. Or, la raison médiatique est gouvernée par des lois qui échappent aux mouvements des hommes. Elle exige d'eux la simplification de leurs opinions, la schématisation de leurs émotions et, plus grave, la soumission de leur existence. Dès lors, les dissensions sont inévitables. Surtout lorsqu'il s'agit de la presse télévisée. Il ne faut jamais oublier que la télévision est perçue dans les banlieues populaires comme l'ultime voie de raccordement avec le reste du pays. Aussi, pour capter l'œil de la caméra, nombre d'habitants vont jusqu'à mettre leur existence réelle en berne et reprendre à leur compte les discours stéréotypés des médias.

**Des pratiques journalistiques à revoir**

Les journalistes doivent pouvoir aller et venir dans toutes les banlieues populaires. Reste que la réhabilitation des médias auprès des habitants de ces communes passe obligatoirement par un renouvellement de leur pratique. Il s'agit tout d'abord d'éliminer certains travers. Ainsi, l'utilisation boulimique des statistiques doit être proscrite. Trop d'articles ou de reportages sur les quartiers débutent par un bombardement statistique des lecteurs ou des téléspectateurs, à croire que la magie des chiffres incarne la référence absolue en temps de crise. Certes, il ne s'agit pas ici de déprécier la valeur des statistiques, - elles sont l'unique instrument de lecture objective des phénomènes sociaux -, mais d'en commander une utilisation sérieuse. Un nombre important de journalistes use de chiffres sans vérifier leur source et la qualité de leur panel, mettant sur le même plan une enquête de l'INSEE, un organe de mesure scientifique, et un syndicat de commissaires, un organe corporatiste dont l'intérêt premier est de gagner à sa cause l'adhésion du plus grand nombre. Cette absence de discernement statistique ne peut que nuire à la crédibilité de la presse. Ainsi, *Le Monde* annonçait dans son édition des 29 et 30 octobre 1995 que « La délinquance de mineurs a augmenté de 15 % en 1994 ». Ce taux provenait du rapport des syndicats des commissaires. Or, cinq mois plus tard, le même journal faisait état d'une « relative stabilité de la délinquance juvénile ». La source d'information était, cette fois-ci, le Centre de recherches sur le droit et les institutions pénales. Quelle explication donner à cette confusion ? Besoin d'informer au plus vite, ce qui interdit la vérification de l'annonce, ou engagement profond pris avec le syndicat policier ? Il n'en reste pas moins que le quotidien du soir avait trompé ses lecteurs et les autres, tant son image de « journal de référence » accorde un crédit inestimable aux informations qu'il donne et contraint, souvent, ses concurrents à les reprendre à leur compte. Les mises en garde proférées par le polytechnicien Michel Volle méritent donc une attention particulière. « Dans le débat politique, prévient-il, chacun intoxique : l'opposition comme la majorité. Mais les manœuvres n'ont pas la même portée selon qu'elles sont opérées par l'une ou par l'autre. Lorsqu'il assure la responsabilité de l'exécutif, un dirigeant politique dispose de moyens d'informations et d'études plus vastes que s'il était dans l'opposition ; sa parole a donc davantage de poids, d'autant plus qu'il a les moyens de faire passer ses projets dans les faits. Sa responsabilité concerne non son seul parti mais toute la nation. »

Pour qu'il soit efficace, ce renouvellement des pratiques ne pourra faire non plus l'économie d'une réflexion sur la fonction de journaliste dans une société mondialisée. Longtemps, les médias furent assimilés à des outils de reflet de l'événement. Ce n'est plus le cas aujourd'hui. La multiplication des réseaux de diffusion et la suppression des barrières spatio-temporelles ont provoqué leur mutation fonctionnelle. D'acteurs passifs de l'information il y a peu, ils se sont transformés en acteurs « actifs » de l'événement puisque, bien souvent, ils participent à sa construction. Les effets de cette révolution se font sentir dans le quotidien des individus, et particulièrement parmi les populations frappées de plein fouet par la crise. Le regard journalier des médias intervient directement dans leur existence. Or, ce regard est fatalement destructeur car il exprime une norme. Aussi, est-il nécessaire que chaque journaliste repense sa pratique. Ce défi au mode d'emploi actuel des médias est à relever.

**La dérive des chercheurs médiatiques**

Il peut paraître curieux d'évoquer les chercheurs dans un chapitre consacré aux médias tant leurs démarches diffèrent. A priori, les seconds relatent l'événement quand les premiers le décomposent. Reste qu'assez singulièrement, les banlieues populaires ont révélé une nouvelle catégorie de chercheurs, - « les médiatiques » -, des individus qui naviguent entre deux espaces, présents régulièrement dans les colonnes des journaux ou sur les plateaux de télévision et, plus épisodiquement, sur leur terrain d'études. La constance de leurs apparitions médiatiques s'explique principalement par les sollicitations auxquelles les médias les soumettent. En conséquence, Pierre Bourdieu, Alain Touraine, Edgar Morin et Michel Wievorka, pour ne citer que ces noms, ont, en 2001, une notoriété qui a dépassé le champ universitaire. Pour autant, cette popularité ne signifie pas que leurs oeuvres soient lues par le grand public. Incidemment, ce phénomène a un contrecoup. Alors que les chercheurs en sciences sociales se sont longtemps prévalus d'un accueil bienveillant des habitants des banlieues populaires, on observe depuis peu, chez ces mêmes habitants, des réactions de méfiance voire de rejet à leur encontre. Ici, ce sont des jeunes qui refusent de parler de leur conviction islamiste ou de la violence dans leur école. Là, ce sont des familles allocataires du RMI qui hésitent à livrer leur quotidien. Certes, ce phénomène est minoritaire et les universitaires ne sont pas aussi contestés que les journalistes. Il n'empêche, un malaise existe et il convient de l'analyser.

De toute évidence, l'inflation des discours alarmistes motive une partie de ces rejets. Les exemples ne manquent pas. Ainsi, lorsque le sociologue Michel Wievorka déclare, au lendemain d'un fait-divers sanglant, dans une interview au *Parisien*, que, « nous (Note de l'auteur : les banlieues françaises) ressemblons de plus en plus aux Etats-Unis », il use d'une dialectique dangereuse puisqu'il apporte sa réputation d'homme de sciences, - reconnu du grand public -, à une affirmation très contestable. Les travaux de chercheurs spécialistes des Etats-Unis ayant démontré le contraire avec force indices, pourquoi le directeur du CADIS, un laboratoire qui jouit d'une bonne renommée tant en France qu'à l'étranger, a-t-il commis ce dérapage « incontrôlé » ? Parce qu'il a l'expérience des entretiens journalistiques, Michel Wievorka a l'intuition des communicants rompus aux formules chocs. Il connaît les usages auxquels il doit se soumettre pour gagner les pages de certains journaux. Du reste, lorsqu'on consulte la biographie du patron du CADIS, on remarque que l'actualité a façonné son oeuvre. En 1982, un an après l'apparition du syndicat polonais « Solidarnosc », il publie « *Solidarité* ». En 1984, au moment où les restructurations industrielles font rage, il écrit « *Le mouvement ouvrier* ». En 1987, quelques mois après les attentats terroristes qui ont touché Paris, il rédige « *Terrorisme à la une* », une opération qu'il reproduira huit ans après, quelques semaines après les attentats islamistes, en composant « *Face au terrorisme* ». En 1992, en pleine ascension lepéniste, il écrit « *La France raciste* ». En 1999, enfin, alors que la violence urbaine a pris la place du racisme sur le devant de la scène médiatique, Michel Wievorka publie « *Violence en France* » . Il n'est évidemment pas question de minorer l'intérêt de ses ouvrages. Car pour qui effectue des enquêtes de terrain et connaît le prix des choses, ces travaux ont une valeur incomparable. Il n'empêche, le patron du CADIS troque désormais tout le poids de sa fonction d'homme de science contre une qualité moins avouable, agent de communication. D'après un observateur proche de ce laboratoire, son livre sur la violence urbaine illustre parfaitement ce glissement. « *Violence en France,* confie-t-il, est un bon exemple des dérives éthiques qui touchent certains patrons de laboratoire de recherche. Les dérapages sont multiples. D'abord, le titre. De qui est-il ? Sûrement pas des chercheurs qui ont travaillé avec Wievorka. Le choix de la photo (Note de l'auteur : elle montre un C.R.S., de dos, regardant une voiture qui flambe) non plus. Le plus grave, c'est qu'elle va à l'encontre des propos du livre. Ensuite, le contenu de l'ouvrage (Note de l'auteur : un résumé des études menées par les équipes enquêteuses) ne représente que 20 %, au mieux, des comptes-rendus de chacun. Je sais que des chercheurs n'en furent pas satisfaits. Pour conclure, je dirais enfin que tout cela est significatif de l'état de la recherche en France. Ses vedettes en ont fait quelque chose comme un business et ont démythifié le métier. La notion d'éthique est constamment maltraitée car seuls comptent dorénavant les plans de carrière. » Difficile de condamner ici les ambitions professionnelles des uns ou des autres, l'objet de cette critique n'est pas le discernement du bien et du mal. Pour autant, la dérive des « chercheurs médiatiques » est dangereuse, car, au nom d'intérêts spécifiques, ces universitaires acceptent des compromissions qui nuisent à la recherche. Dans le cas de Michel Wievorka, sa lecture erronée d'un fait-divers a eu pour conséquence de donner une caution morale aux journalistes du *Parisien* de telle sorte qu'ils pouvaient s'autoriser à commenter sur deux pages la prétendue « américanisation » des banlieues françaises.

Tout comme Michel Wievorka, le sociologue engagé, - comme il aimait se définir -, Adil Jazouli, fut coupable des mêmes égarements. En octobre 1992, il publia, à travers son laboratoire Banlieuscopie, un rapport intitulé « Banlieues : les nouvelles frontières intérieures ». Où il affirmait que « dans un tel climat (de débrouille et de marginalité), la réussite scolaire, la recherche obstinée d'un travail, le refus de se laisser enfermer dans le désespoir et la grisaille sont devenus des actes de bravoure et d'héroïsme, car tout et tous vous tirent par le bas, à la dérive. » Son tableau urbain, - de notre point de vue -, tenait davantage du scénario de science-fiction, - une adaptation française du film américain *« Apocalypse now »* -, que d'une description fidèle des banlieues populaires. S'appuyant sur des enquêtes effectuées dans six communes (Argenteuil, Chanteloup-les-Vignes, Lille-Sud, Marseille-Saint-Barthélémy, Vaulx-en-Velin et Villiers-le-Bel), Adil Jazouli s'autorisait, sans trop de précautions, à employer le vocabulaire du catastrophisme. « Nos travaux sont toujours conçus pour être des leviers d'actions. Nous voulons permettre l'expression de ceux que l'on n'entend pas, chercher toujours ce qui n'est pas donné à voir au premier abord, décrire le monde des banlieues sans complaisance, sans voyeurisme, tout simplement tel qu'il est et non tel qu'on nous demande parfois de le décrire » répondait Adil Jazouli à ses détracteurs. Le propos est démagogique car il jette la confusion dans des territoires dont on a vu que nous manquions de clarté à leur sujet. Les banlieues populaires n'ont pas besoin de chercheur « porte-parole ». Elles attendent de lui rigueur et honnêteté. Reste que si la surmédiatisation de ce document jeta un peu plus l'opprobre sur ces territoires, elle a offert à son auteur le titre définitif de « spécialiste des banlieues ».

Autre explication de la méfiance « habitante » à l'égard des chercheurs, leur tendance à la hausse des scénarios dramatiques. Depuis quelques années, en effet, le doute et l'argumentation ont laissé la place à une sorte de logique de panique fondée sur le primat du fait-divers, où des généralisations hâtives sont préférées à la lecture sensée de l'événement. Par une fâcheuse coïncidence, on observe que cette vision manichéenne de la ville est en totale conformité avec la pensée médiatique. Il est certain que les cris d'alarme de la presse et l'évocation apocalyptique des banlieues populaires ont participé à l'effet de surenchère dans le milieu de la recherche. Et que le « toujours pire » a poussé un certain nombre de scientifiques à régler leur discours sur celui des médias, de façon à avoir voix au chapitre. Une nouvelle fois, les exemples d'égarements ne manquent pas.

Il en est ainsi du politologue Henri Rey, auteur en 1996 d'un ouvrage sur les banlieues. A l'origine, son ambition était de « confronter les stéréotypes journalistiques et les présupposés de l'action publique avec l'état actuel des savoirs et de suggérer au lecteur la complexité de la banlieue, où se juxtaposent traits d'innovation et d'invention dans les usages de la ville et stigmates imposés par une crise profonde ». Même si Henri Rey a le mérite de s'essayer au genre didactique quand le sujet est un tissu nuancé et changeant, pourquoi a-t-il tenu à encombrer son livre d'inutiles bagages ? La quatrième de couverture, sorte de vision instantanée de l'ensemble, nous fournit un modèle de cette incontinence verbale. Il est question de « la grande peur des banlieues », de « la peur des violences urbaines », de « la peur de l'intégrisme religieux », de « la peur des classes dangereuses, acculturées mais non intégrées », de « la peur devant l'inconnu », de « l'absence d'interlocuteurs visibles », « d'imminence d'une explosion sociale », de « transformation des grands ensembles en ghettos », etc. Titre de l'ouvrage : *« La peur des banlieues ».*

Les banlieues populaires sont devenues un fond de commerce inestimable pour les chercheurs car elles développent une manne de contrats importants pour leur laboratoire. Au moment où l'Etat laisse aller à vau-l'eau la recherche française, un grand nombre d'instituts publics doivent leur salut aux entreprises. Sans l'appui de la RATP, le CADIS n'aurait vraisemblablement pas pu faire une enquête aussi complète et aussi riche sur la violence en France. Dans ces remerciements, Michel Wievorka n'oublie d'ailleurs pas de louer son généreux sponsor. « Depuis longtemps, écrit-il, cette grande entreprise du service public a recours aux sciences sociales, jouant un rôle décisif dans leur développement, et c'est avec enthousiasme que j'ai accepté, à son invitation, de lancer en 1996 un programme portant sur la violence et le sentiment d'insécurité ». Difficile, pour autant, de ne pas pressentir les risques qui guettent les sciences sociales à courir les budgets privés. Pourront-elles continuer à dévoiler le produit de leurs observations ou devront-elles s'incliner devant les faits au nom du principe posé à priori :

la divulgation des observations doit attendre la confirmation de son commanditaire. On ne le dira jamais assez, les mécènes désintéressés n'existent pas. Ainsi que le rappelait Jacques Salomon, « la règle de la relation qui lie la science au pouvoir obéit non à la logique ou aux valeurs du discours scientifique, mais aux pressions conjoncturelles, partisanes et conflictuelles du processus politique ».

## Chapitre 5

### *Un objet d'équilibre : le quartier*

La scène se déroule au Val Fourré, le 26 février 1991. Le quartier vit au rythme des vacances scolaires. La patinoire, plantée au bord de la cité, est comble. Venus des communes environnantes, du centre-ville mantois et, en moins grand nombre, du quartier proprement dit, les jeunes patinent comme tous les après-midi dans cet immense palais de glace. Dehors, l'association para-municipale Mantes-Jeunesse a mis en place de multiples activités afin d'occuper le plus grand nombre. Une imposante rencontre de football a lieu au centre des Ecrivains, quand une nouvelle le gagne comme une traînée de poudre : un accrochage entre des adolescents de la cité et un groupe originaire de la commune de Dreux met la patinoire en ébullition. Des mômes grimpent aussitôt sur leur vélo et vont propager la nouvelle. Entre-temps, le calme est revenu sur la glace. L'interposition des responsables du lieu et des animateurs drouais a pacifié les jeunes. Cependant, tandis qu'un car récupère les jeunes Drouais pressés par leurs accompagnateurs à monter au plus vite, des cailloux claquent sur la carrosserie. Les agressés redescendent immédiatement, ramassent les pierres et se dirigent en direction de leurs agresseurs. Au Val Fourré, c'est la surprise. Canardés par les Drouais, certains produisent alors une artillerie plus lourde. Des flingues apparaissent dans de jeunes mains. Heureusement que le car redémarre en trombe. A ce moment-là, un silence de plomb s'abat sur les Ecrivains. Les volets des appartements se ferment aussitôt. Les rideaux des cuisines sont discrètement écartés pour observer quand même cette misérable attraction. Vingt minutes plus tard, six policiers se présentent à pied devant le local d'animation. Ils interpellent les plus âgés. « Vous déconnez les mecs. On a reçu un appel d'une habitante au sujet de coups de feu. Je parie que c'est encore une histoire minable ». « Oh, c'est rien monsieur l'agent, c'est juste une histoire de merdeux » le rassure l'un d'eux. « Quand même, ça inquiète les vieux du quartier. Vous pourriez intervenir auprès des gosses. Un jour, ça se terminera mal » conclut le flic. Au-delà de son caractère spectaculaire, cette anecdote imprime en relief la nature du quartier, un territoire enclavé que ses jeunes résidents aiment et défendent, quelle que soit leur catégorie d'âge. Tous affectionnent d'en parler. Non pas parce qu'ils n'ont pas d'autres sujets d'intérêt mais parce qu'ils sont incapables de le taire.

**Un lieu inaudible aux étrangers**

Le Val Fourré est assimilé à ces quartiers que l'on contemple avec des sourires de pitié. Tout concourt à en faire un lieu de misère. Par les transports publics, il est d'un accès long et pénible. De la gare Saint-Lazare à Paris, il faut emprunter un train à l'extérieur pouilleux, à l'intérieur parfois puant et à l'allure incertaine. Il faut compter un peu plus d'une heure pour rejoindre la gare de Mantes-la-Jolie. Les retards de train sont fréquents mais ils n'indisposent plus personne. La SNCF a fini par habituer sa clientèle banlieusarde à ce type de désagrément au point de ne plus en donner les motifs. C'est une étrange sensation qui envahit le passager lorsqu'il débarque pour la première fois à Mantes-la-Jolie. La gare est petite, ridicule même, pour une commune de 45 000 habitants. Il y a ceux qui s'y arrêtent pour goûter aux flux des va-et-vient routiniers, des adolescents et des chômeurs en mal d'occupation et des exclus à qui l'époque a collé l'étiquette de « SDF ». Les autres cavalent. Le centre-ville, à quelques mètres, accueille les plus aisés. Leurs visages sont fermés, la faute peut-être au trajet interminable ou à un travail besogneux. Sitôt sortis de la masse, ils se glissent dans la proche boulangerie, en ressortent et s'engouffrent sur leur droite pour rejoindre leurs tranquilles demeures. D'autres, mais pas tous, souvent originaires du Maghreb ou d'Afrique Noire, grimpent dans un bus sitôt éjectés du train. Les places assises sont rares et obligent à de nouvelles compressions, nez contre nez, sac contre sac, un ballet impossible de contorsions pour éviter de plaquer son voisin contre une des barres de sécurité. Le Val Fourré se situe à moins de deux kilomètres de la gare. Le trajet en car dure un peu plus de cinq minutes, une éternité les soirs de semaine. Paradoxe de la situation, la fatigue ferroviaire se révèle moins pesante. Le Val Fourré a été pensé avec compacité et mêle de conserve des immeubles, des parkings, des écoles, des locaux d'animation, des commerces et des administrations. Autant d'équipements sur place qui n'incitent pas ses habitants à loucher sur un autre point, pas même en direction de l'autre moitié mantoise. Les familles ne visitent que rarement le centre-ville, leurs sorties du week-end les mènent avant tout vers les grandes surfaces environnantes ou à Paris. Cette infidélité n'émeut pas les résidents du centre. Ils ont en horreur le Val Fourré et ses innombrables tours et, fulminent contre les jeunes lorsqu'ils débarquent en bande chez le disquaire, le vendeur de vêtements de sport ou au cinéma. Les barmans encaissent leurs consommations aussitôt après les avoir servis quand ils feignent de ne pas les voir pour ne pas les servir. Les patrons des magasins de vêtements leur mettent leurs vigiles sur les talons dès qu'ils ont franchi leur porte d'entrée et les passants rasent les murs lorsqu'ils les croisent. Lassés par tant d'hostilité, les jeunes du Val Fourré vont rarement en centre-ville. Des regards mal interprétés ou des grimaces supposées insultantes ont provoqué de nombreuses bagarres et fini par leur faire entendre raison : ils ne sont pas les bienvenus dans le chef-lieu.

Engagé à titre d'animateur par l'association para-municipale Mantes Jeunesse, j'avais raconté ces mauvaises impressions à Sonia, une animatrice alors en poste auprès des enfants de 8 à 12 ans. Agée de 23 ans, elle vivait au Val Fourré dans un appartement de la cité des Ecrivains. Mes remarques l'avaient irritée. « Tu dis n'importe quoi ! » Puis, devant mon silence, elle s'était adoucie. Elle m'avait ensuite raconté son Val Fourré, me décrivant les bâtiments et les gens comme on conte une histoire féerique. Là où je voyais la misère et la grisaille, elle percevait des nuances de couleur et des lueurs indécises. Elle ne comprenait pas mes regards, déformés disait-elle, par les médias et le culte parisien du tape-à-l'œil. « Le Val Fourré, c'est beau parce que c'est vivant, varié et plein de couleurs. Mais ça, tu peux pas le voir parce que tu viens de Paris et que pour toi, le beau, c'est Paris et rien d'autre. Mais tu te trompes parce que le Val Fourré, c'est un truc que tu verras jamais ailleurs. Regardes autour de toi et peut-être que tu comprendras. Et puis, vu que tu vas bosser ici, tu changeras bientôt d'opinion. J'en suis sûre ! ». Parce qu'il s'offre généreusement à tous, le quartier est un lieu d'équilibre pour tous ses habitants. Et chacun de le personnaliser selon son histoire et son quotidien. Pour les uns, c'est un tuteur, une sorte de père ou de mère de substitution, et pour les autres, l'ami des mauvais jours ou des nuits sans sommeil. Autre détail intéressant, cette carapace précieuse leur est entièrement dévouée. Elle se dresse contre les journalistes venimeux, les élus tortueux, les chercheurs mateurs, les fonctionnaires maniaques, les policiers provocateurs et les discours misérabilistes des travailleurs sociaux. Ce caractère polysémique fait du quartier un lieu inaudible aux étrangers. Cependant, peu de réponses favorables émergent lorsqu'on interroge les habitants du grand ensemble sur l'image qu'ils ont de leur lieu de vie. Plus saisissants, nombre d'entre eux développent les clichés de l'opinion publique. Cette attitude de dépréciation sera d'autant plus vive que le questionneur lui exprimera une opinion en des termes bienveillants. A l'inverse, ces mêmes habitants se transformeront en de virulents avocats de leur quartier si l'observateur se montre désagréable. Comment entendre ces conduites schizophréniques ? Comment un même individu peut-il maudire son quartier et lui proclamer, l'instant d'après, un amour indélébile ? En dix ans d'enquêtes, je n'ai pas su déchiffrer ces ambivalences affectives. Seule certitude, ces expressions ambiguës sont certainement à l'origine des mauvais rapports entre habitants et journalistes.

**Les jeunes des cités**

Tous mes reportages m'ont valu de supporter de foudroyants réquisitoires contre les précédents enquêteurs, prétendus coupables d'avoir trahi leur confiance et faussé la vérité. En mars 1994, j'étais allé dans le quartier de la Dame Blanche à Garges-lès-Gonesse (Val d'Oise), deux semaines après les nuits d'émeutes qui avaient embrasé le centre-ville. Une fausse information avait servi de catalyseur à ce déchaînement de violence. Un dramatique règlement de compte entre deux jeunes était à l'origine de cette affaire. L'assassin était arrêté depuis peu par la police locale quand la rumeur de sa libération conditionnelle gagne la Dame Blanche. La colère envahit aussitôt des adolescents meurtris par la mort du copain. Un torrent de vengeance emporta Garges-lès-Gonesse. Les quartiers de la ville furent mis à sac, des voitures brûlèrent, des commerces furent pillés et des bâtiments publics dévastés. Durant une semaine, Garges-lès-Gonesse s'était hissée, par la grâce des caméras de télévision, au rang de symbole de la fracture nationale. C'est dans un local d'animation qu'il m'avait été donné de rencontrer quelques jeunes du quartier. Le responsable du service jeunesse de la commune avait servi d'intermédiaire à cette confrontation. Les animateurs du local, fatigués, m'avaient-ils dit, de servir la soupe à des journalistes suffisants, m'avaient reçu avec une froideur alimentée par la rancœur. A peine installés, j'entendis le déluge de critiques acerbes.

Mohamed, 20 ans, en DUT de génie électrique : « Les journalistes ont tendance à interviewer les provocateurs, ceux qui gênent les gens. Ils font un choix des personnes interviewées. Ils ont par exemple refusé d'interviewer Amar, le président d'une association, parce qu'il parlait bien. Ils voulaient un mec qui parle comme une racaille. »

Mezziane, 18 ans, en terminal C : « Un journaliste prend des phrases qu'il sort du contexte. Il reprend les phrases qui passent bien auprès du grand public, celles qui font monter l'audimat. Pendant l'émeute, ils étaient là comme des chiens, 24 heures sur 24 à l'affût. »

Mimoun, 20 ans, en première année de DEUG de biologie : « Les mecs qui ont agressé les journalistes ont eu raison. C'était trop les conneries qu'ils sortaient à la télé. Y'avait rien de juste dans ce qu'ils disaient. ». Passés ces mouvements d'humeur, ils racontèrent leur version des émeutes.

Faycal, 19 ans, en classe de seconde : « Ce qui s'est passé, c'est une mini-explosion sociale. Il y a un malaise, les jeunes sont désabusés. Et moi, ça m'énerve de voir des gens au pouvoir qui se foutent de notre gueule. J'attends du respect, qu'on ne me mette pas une étiquette du style, c'est un Maghrébin, un délinquant. Ca ne peut plus durer, ça va péter. Qui va accepter de rester sans taf ( boulot) ? »

Mezziane : « On vit bien ici. Le problème vient de l'extérieur. La police qui vient nous contrôler tout le temps. Là, je dis non ! Ils ont même contrôlé des gens qui sortaient de la mosquée. »

Azzedine, 21 ans, en première année de DEUG d'Anglais : « Les flics se prennent pas pour de la merde. Tu vas leur demander un renseignement, ils te reçoivent mal. Ils m'ont arrêté une fois. Je marchais dans la rue avec un pote. Ils m'avaient accusé d'avoir volé dans un appartement. Il paraît que deux Antillaises nous avaient soit disant vu en train de braquer cet appartement. Sous prétexte que j'avais une veste noire comme celle du voleur, ils nous ont embarqué. »

Philippe, 20 ans, en terminal C : « Les mecs s'emmerdent ici. Quand on organise des voyages, il y a peu de places, alors on glande. C'est pour ça que pour ceux qui se font chier, détruire c'est s'éclater. Si tu voyais comment ils sont contents de passer à la télé. »

Mezziane : « En période de crise, personne t'aide. Tu dois prendre l'argent là où il est. Les jeunes qui sont dehors sont obligés de faire ça parce qu'ils ont pas l'école pour s'en sortir. »

Azzedine : « Même si c'est de la merde ici, je partirais jamais, même si tu me donnes un château. »

Un enthousiasme aveugle pour leur quartier avait décidé ces jeunes à déborder brusquement la durée annoncée de l'interview. Ils avaient besoin de tirer la chasse d'eau sur le traitement médiatique des soirs d'émeutes, un volume d'injures et d'indignations dont ils espéraient qu'il balaierait sur son passage les images des journaux du soir et les photos chocs des magazines. A l'issue de ces deux heures d'entretien, ils estimaient que la sagesse se lisait dans leurs propos et avaient fini par se persuader que le monde extérieur était motivé par le désir de nuire à la réputation de leur quartier. Or, nuire à la réputation de leur quartier, c'est vouloir leur causer du tort.

Si ces enfants qu'on appelle « jeunes des cités » se tiennent encore droit, c'est en partie grâce à leur quartier, un lieu qui fonctionne comme un monde à part, avec des caractères communs à chaque jeune : mêmes conduites, mêmes goûts pour les vêtements de marque, mêmes divertissements, mêmes idoles et même type de langage. Au monde extérieur qui les dévalorise, ils préfèrent le quartier qui, lui, leur renvoie une image valorisante d'eux-mêmes. Mais le quartier soutient aussi les familles. Il tient leurs enfants « en laisse » et leur apprend la loi. Et plutôt que de s'inquiéter sur les dangers d'une communautarisation des grands ensembles, il vaudrait mieux donner à ces jeunes les moyens de s'insérer dans notre société. J'ai rencontré en 1995 dans le quartier de Plaine Gare, à Rueil Malmaison (Hauts-de-Seine), des jeunes âgés d'une vingtaine d'années, nés tout prêt de là, et qui n'avaient jamais mis les pieds à Paris. Par le RER, il faut un quart d'heure pour accéder à cette ville.

## Le mythe des ghettos

Il existe deux types de quartiers : celui qu'on assimile à une poche d'exclusion et celui, plus discret, qui s'affiche comme un lieu de passage. Le premier présente des diagnostics infaillibles : un fort taux de chômage qui touche majoritairement les jeunes de 16 à 25 ans, les cinquantenaires et les étrangers, un nombre important de bénéficiaires du RMI, des degrés de violences urbaines et d'actes d'incivilités élevés, et une croissance continue du nombre de loyers impayés. Ces éléments ne témoignent pas des disparités dans l'occupation de ces quartiers. Dans une même cité, on relèvera qu'un immeuble est occupé à 90 % par des familles d'origine maghrébine quand, tout près de là, la tour voisine est majoritairement habitée par des locataires d'origine italienne, portugaise, française ou africaine. Aucun d'eux n'a choisi son appartement puisque cette décision appartient au bailleur. Comment expliquer ces regroupements ethniques ? Traduisent-ils la volonté des sociétés HLM de ghettoïser leurs immeubles ? L'accusation est rejetée par les bailleurs. Tous jurent, la main sur le cœur, qu'ils ne peuplent pas leurs immeubles en fonction de critères de nationalité mais en s'attachant uniquement à trouver un occupant à un logement vacant. En réalité, les pratiques de certains bailleurs sont plus honteuses. Sous le couvert de l'anonymat, ceux-là affirment que la communautarisation de leurs immeubles serait motivée par le fait que « les Arabes ou les Noirs veulent être ensemble », et que « les Français de souche ou d'origine européenne ne veulent pas être mélangés aux Arabes et aux Noirs. » Il est difficile d'accorder du crédit à ces considérations éthologiques car la constitution de tours ethniques est l'unique fait des organismes HLM. Les exemples ne manquent pas. Il suffit de lister les noms inscrits sur les boites aux lettres de certaines barres de la Thibaude à Vaulx-en-Velin, la Vigne Blanche aux Mureaux ou Orgemont à Epinay-sur-Seine, pour s'en convaincre. Entre 1977 et 1994, toutes les grandes sociétés HLM de l'hexagone ont logé dans leurs sites les plus fragiles les familles d'origine étrangère. A croire qu'elles étaient prédestinées à vivre dans ces formes insignifiantes. Cette politique d'attribution a donné lieu à une situation cauchemardesque dans un grand nombre de banlieues populaires : si l'on excepte les personnes en difficulté socio-économique, plus personne ne consent à habiter dans ces poches d'exclusion. D'après un observateur local, il faut contacter 150 candidats inscrits sur le fichier préfectoral de la Seine-Saint-Denis pour réussir à occuper trois logements vides. Sachant que les organismes HLM refusent de donner des informations sur leur pratique de gestion, il est impossible d'évaluer l'ampleur de ce phénomène. Seule certitude, et c'est heureux, cette lente accentuation ethnique n'a pas encore donné naissance à des ghettos. Mais pour combien de temps ?

Malgré cela, l'expression « ghetto ethnique » fait florès dans l'opinion publique. Il n'est pas un reportage en « banlieue » qui ne commence pas par cette expression. Cette tendance à étiqueter maladroitement un réel n'est malheureusement pas un phénomène nouveau. De tous temps, en effet, les banlieues populaires se sont vues imposer des qualificatifs inadéquats. Souvenons-nous du premier, « Sarcellite », du nom de la commune du Val d'Oise, Sarcelles, première commune d'accueil des grands ensembles dans le pays. Le mot « zones » était aussi en vogue à cette époque. Deux décennies plus tard, les nuits d'émeutes vénissianes de l'été 1981 rendirent ces termes obsolètes. L'expression du mal vivre et de la misère sociale par la violence favorisa la naissance d'autres vocables. L'heure était aux euphémismes. On parla de « quartiers difficiles », de « banlieues défavorisées ». On posait sur ces territoires des regards humanitaires. Les médias, comme le ministre de la Culture de l'époque, Jack Lang, louaient leur dynamisme et leur inventivité. Les flammes de l'enthousiasme servaient chaque jour mille flatteries. Rappelons le tonitruant « Beur is beautiful » du mensuel parisien *Globe* (juin 1986). Les nuits d'émeutes vaudaises d'octobre 1990 et mantoises de mai 1991 ont marqué la fin de l'excellence des banlieues populaires. Le spectacle des voitures incendiées enterrait les paroles louangeuses et enfanta le « ghetto ». Il faut croire que cette formule ne renferme pas suffisamment de force morale puisqu'une nouvelle expression est apparue, peu de temps après, la « zone de non-droit ». L'angle de discernement des grands ensembles a changé et la démonstration se veut définitive. Où il ressort que la banlieue serait un lieu hors-norme, une sorte d'arme à six coup qui déraillerait continûment. En vérité, ce prétendu ghetto est un mythe soigneusement élaboré par la France bourgeoise, une petite France cruelle qui rêve éveillée d'une communauté de destins organisée autour de mythes communs. Reste que la France n'est pas les Etats-Unis. Notre espace public n'est ni ethnique, ni communautaire. Il mêle toutes les couches sociales et identitaires que compte la nation. Du reste, la sur-représentation d'une communauté étrangère dans un quartier est un phénomène encore exceptionnel.

Second type de quartier, « les cités de passage » ne sont pas des poches d'exclusion. Pour une raison notoire : elles ne sont pas stigmatisées. Sur le plan géographique, leur superficie est modérée, comparée au gigantisme des quartiers « lourds ». Quelques immeubles composent le plus souvent ces espaces et la densité de leur population reste tolérable. Jusqu'ici, ces quartiers ont réussi à garder leur équilibre. Les mixités sociales et communautaires sont des faits réels. Les employés croisent aussi bien les cadres moyens que les chômeurs. Dans les grandes surfaces ou dans les administrations, les Français côtoient les Africains, les Maghrébins et les Asiatiques. Mais tous les ingrédients d'une rupture d'équilibre sont en place. D'autant qu'un fort sentiment d'insécurité provoque un début de fuite précipitée de nombreux locataires et que la crise économique a produit ici aussi des effets identiques à ceux subis par les poches d'exclusion. A y regarder de près, nous sommes, dans ces quartiers, dans une situation analogue à celle qui a eu cours durant les années 1970, lorsque les classes moyennes ont brusquement quitté les grands ensembles pour habiter une maison individuelle. Les classes moyennes des années 2000 semblent reproduire une trajectoire résidentielle quasi analogue. Elles s'éloignent des « cités de passage » pour se loger dans des appartements ou dans des maisons sécurisés.

### De l'utilité de la démolition

Démolition : un mot longtemps tabou en France. L'évoquer quand des millions d'individus n'ont pas de toit, c'était prendre le risque pour les pouvoirs publics d'être confrontés à une terrible contradiction. Il fallait éviter d'étaler en plein jour l'acte injustifiable. Un certain nombre de démolitions ont malgré tout été effectuées au cours des années 80 et 90. Pour donner à l'opinion une raison objective (?) à ces interventions, les experts urbains ont inventé de toute pièce, à ce moment-là, des formules chocs. Ici, on parlait de la nécessité de « dédensifier » l'espace, là, de l'urgence à le « déconcentrer », ailleurs de l'utilité de le « réaménager ». Depuis 1999, ces magiciens du mot ont déniché une perle rare au potentiel d'enrobement encore plus efficace : « le renouvellement urbain ». Renouveler quoi ou renouveler qui ? Les bâtiments ? Les habitants des quartiers ? Les méthodes de gestion des poches d'exclusion ? Personne ne le sait. Ni les spécialistes de l'urbanisme qui confessent qu'ils naviguent à vue. Ni les élus locaux qui avouent leur incapacité à résoudre les problèmes urbains. Pour autant, et contrairement aux années précédentes, tous ont une certitude : la démolition est aujourd'hui une opération tolérée. Mieux, les pouvoirs publics la recommandent. Pour nous expliquer les véritables motifs qui mènent à cette extrémité, le découpage du scénario de « l'avant démolition » est un éclairant efficace.

Soit un quartier lâché par ses bailleurs et par les élus locaux. Aussitôt, son état décline à une vitesse vertigineuse. Quant un jour, les décideurs votent un projet de requalification du grand ensemble. Le mot démolition n'est pas prononcé officiellement. Mais des murmures d'approbation accueillent ceux qui jugent cette opération indispensable. Aussitôt, les habitants ont une réaction de peur et de colère. Les plus jeunes protestent en semant le désordre. Ils brûlent des voitures, vont à la confrontation avec la police, agressent des représentants des services publics. Dans le même temps, les organismes HLM orchestrent un patient travail de persuasion des résidents concernés par l'opération. Des promesses leur sont faites. Le quartier à venir sera plus beau et l'atmosphère plus respirable. Mais tous les locataires ne font pas leurs les desseins des bailleurs. La fin justifiant tous les moyens, les décideurs usent alors de méthodes de conviction plus sournoises. Le nettoyage des allées s'effectue moins souvent, le chauffage des appartements est maintes fois insuffisant, les services techniques refusent de se déplacer en cas de défectuosité des ascenseurs ou de la chaudière collective et les loyers connaissent des hausses brutales. Agissant de concert avec les promoteurs de la démolition, une intense couverture médiatique de faits-divers contribue à le rendre infréquentable. Parfois, les rumeurs les plus fantaisistes l'assimilent à un vrai coupe-gorge. Bientôt, le bailleur signifie sa décision définitive de murer les tours récalcitrantes en arguant de motifs économiques. Dans la foulée, le maire de la commune reprend à son compte cette résolution au nom de la tranquillité publique. Le compte à rebours peut être lancé.

Ce scénario se vérifie partout où une démolition est programmée. A Montpellier par exemple, le quartier Phobos a vécu au début des années quatre-vingt une pareille aventure. Construit au début des années soixante-dix, Phobos était un ensemble d'immeubles HLM situés au nord de la Paillade. 270 familles y vivaient. Il a été rasé en 1992 et remplacé par des petits pavillons résidentiels. Aujourd'hui, Phobos a laissé la place à un quartier chic répondant au nom paisible de « Puech de Massane », un bel endroit selon la presse locale. Les familles en difficulté de Phobos n'ont pas eu le droit de s'y installer. L'OPAC de Montpellier les a relogées, non loin de là, dans la ZUP de la Paillade ou dans les communes voisines. Elles ont rejoint les populations aux parcours similaires. L'histoire de cette cité a fait l'objet d'un ouvrage, « *Phobos, les mal famés* », écrit par six jeunes : Abdelkader, Kaïs, Mustapha, Karim, Lahouari et Mounir, en collaboration avec l'écrivain François Bon. « Destruction de Phobos, conte Karim. Je voyais les engins casser les murs de gauche à droite. Les camions faire des allers-retours sans arrêt (...). J'étais de l'autre côté de la route, face à Phobos, face à mon bâtiment qui partait en fumée. Il y s délires avec les potes. Regarde, dit-il, ils ont réhabilité parce e c'était soi-disant la zone ici. Mais quand tu prends onmousseau aujourd'hui, tu vois que les problèmes sont les mes qu'avant. Les mecs qui habitent ici sont dans la même rde. Ils bossent pas, ils ont toujours pas une thune et ils itent encore chez leurs parents. Des fois, j'ai les boules. rquoi ont-ils cassé ces tours ? Pour rien, pour rien du tout. Il t passé la même chose à Démocratie. Ils ont viré les illes, mais qu'est-ce qu'elles sont devenues ? Elles galèrent ours. Sérieux, j'ai des potes qui ont la haine quand ils se ellent la Démo. C'est normal, tu peux pas oublier ton tier quand tu passes devant tous les jours. C'est ossible. »

## ce à face jeunes/policiers

On ne peut évoquer les quartiers et ne pas parler du rapport les jeunes et la police. C'est un fait que l'opposition entre eux groupes sociaux développe ici une extraordinaire ce. Chacun campe sur ses positions. Les jeunes contestent olice le droit de circuler dans leur quartier. Les forces de se font un point d'honneur d'aller et venir où bon leur . L'objet de ce passage n'est pas de passer au crible les de détestation des uns à l'égard des autres (brutalités res, identité des jeunes d'origine maghrébine ou ue noire sur-contrôlée, violence endémique des jeunes, ce d'une génération pour les représentants de la force e, etc.), - les témoignages irrécusables ne manquent ais de tenter de dénouer les fils de cette rupture. Dans ce plus d'enquêtes menées ici et là, j'ai passé une partie de u 12 mai 1999 avec un équipage policier en charge de nnais (Vaulx-en-Velin, Vénissieux, Saint-Fons, Bron, secteur géographique certainement médiatisé à l'excès, sceptible d'apporter des explications éclairantes. Ces heures de ronde policière m'ont permis de noter deux eurs. D'une part, la police entre dans tous les quartiers

avait beaucoup de poussière, on ne voyait plus rien. On n'entendait que le bruit des engins, et des briques qui éclataient sur le sol (...). On aurait cru qu'il y avait une guerre. On était dégoûté de voir ça, comme si on nous enlevait notre enfance. » Si les sentiments commandent le récit de ces jeunes, le maire de la ville conçoit autrement cette démolition. « A Montpellier, écrivait Georges Frêche dans « *la France ligotée* », les problèmes d'intégration des étrangers sont moins aigus grâce à une grande vigilance. De nombreux étrangers étaient concentrés dans le quartier de Phobos qui est en voie de suppression. La population a été dispersée. Les uns sont retournés dans leur pays et ont quitté Montpellier, d'autres ont été relogés progressivement dans différents quartiers de la ville, au centre comme en périphérie, et Phobos deviendra sous un autre nom une cité pour étudiants mariés. Des services administratifs viendront y installer leurs bureaux et l'image du ghetto a quasiment disparu. » Les propos du maire montpelliérain sont troublants. Tandis que les jeunes ont le cœur qui flambe quand ils parlent de leur quartier, le discours de Georges Frêche coupe court aux passions. Ebloui par le désir de marquer l'histoire de sa ville, ce vieux maire, - il est à la tête de la cité héraultaise depuis 1977 -, préfère de beaucoup faire le bonheur de son ambition que celui de tous ses administrés. Phobos était une excroissance verruqueuse sur le beau visage de Montpellier.

## Normaliser les quartiers

La démolition s'inscrit dans la durée de vie d'un bâtiment et l'évolution d'une ville peut mener à cette résolution lorsqu'elle s'inscrit dans une logique urbaine. Mais cet acte répond rarement à ce raisonnement lorsqu'il s'agit des banlieues populaires. Ici, il se lit comme un choix politique destiné à réduire à l'obéissance les points de résistance à l'Etat, aux communes concernées et aux bailleurs. N'oublions pas que les poches d'exclusion angoissent les pouvoirs publics par leur refus de l'asservissement politique et social. A cette banlieue qui se révolte, le pouvoir oppose un pays légal, un territoire dans lequel on ajuste les individus autour d'un certain nombre de valeurs indépassables. Parce que ce pays légal les étouffe, les poches d'exclusion ne sont pas volontaires pour se mettre au service d'un pouvoir qui les méprise. Il y a quelques années, trois hauts fonctionnaires avaient été missionnés par l'Etat pour émettre un avis sur l'avenir des dix tours de Démocratie, un ancien sous-quartier des Minguettes. Leur description de la ZUP des Minguettes est digne de figurer dans une anthologie. « Les différences culturelles entre la population des Minguettes avec le reste de la population française de la ZUP et de l'agglomération lyonnaise sont évidentes et ne tendent pas à se réduire, estimaient-ils. Ses normes morales, familiales, ses références sociales et ses langues vernaculaires ne sont pas celles que les administrations françaises, tant nationales que locales, suivent, savent identifier et inclure dans leurs comportements et la conduite de leurs actions. On y compte moins de Français de souche que d'allogènes, même si nombre de jeunes ont reçu la nationalité française (*sic* !). Il en résulte une balkanisation ethnique et linguistique à l'intérieur des tours et une ségrégation de l'ensemble très marquée par rapport à Vénissieux et l'agglomération. On observe des irrédentismes culturels principalement chez les habitants en provenance du Maghreb, de l'Algérie essentiellement. » Ce compte-rendu, davantage anthropologique qu'administratif, n'est pas sans rappeler la vision des missionnaires arrivant en territoire sauvage.

Démolir des tours permet aux pouvoirs publics d'engager une opération de normalisation des quartiers. D'en faire des sites où l'on n'élèvera plus la voix, où les enfants ne courront plus dans les escaliers, où les jeunes écouteront de la musique sans tapage et n'investiront plus les cages d'escaliers. En cela, la cérémonie qui marque la démolition donne un sens allégorique à cette interprétation. Ce jour-là, tous les représentants politiques de l'Etat et des diverses assemblées locales s'affichent au premier rang. Les résidents du quartier sont repoussés au second plan. Les forces de l'ordre paradent qui sont sous sa surveillance. D'autre part, tous les policiers interrogés m'ont confié leur envie de poursuivre leur métier dans leur commissariat actuel. Ainsi, 90 % de l'équipe de nuit de Vénissieux était en place depuis la création de cette unité. « On veut continuer à travailler ici, ne cessa de me répéter un agent. D'ailleurs, si nous partons, qui viendra ? On est là pour aider tous ceux qui sont victimes de la délinquance. » Cette détermination policière à travailler dans les banlieues populaires tranche prodigieusement avec les descriptions pittoresques lues ou entendues ici et là. Pourtant, les effectifs de policiers opérationnels la nuit, sont faibles. Est-ce qu'une présence plus accrue des forces de l'ordre garantirait une plus grande efficacité du travail policier ? Rien n'est sûr.

Rappelons tout d'abord qu'une comparaison des taux d'encadrement policier dans l'Europe occidentale signale que, juste après la Grèce, la France présente la densité policière la plus élevée du sous-continent : 369 policiers nationaux pour 100 000 habitants contre 245 au Royaume-Uni et 317 en Allemagne. Si on veut élargir la comparaison à d'autres pays développés, on note que le taux européen (un policier pour 328 habitants) est supérieur à celui de la Suisse (un pour 359), des Etats-Unis (un pour 350) et du Japon (un pour 550). Reste que, comme le précise Jean-Claude Monet, « le taux d'encadrement policier n'influe pas sur le niveau d'élucidation des affaires criminelles : avec le plus faible taux d'encadrement policier des pays développés, ajoute-t-il, le Japon enregistre un taux d'élucidation des meurtres de 96,7 % contre 93,9 % en Allemagne, 89,4 % en France et 70,2 % aux Etats-Unis. En matière de vols, le taux d'élucidation est de 78,5 % au Japon, 48,4 % en Allemagne, 24,7 % aux Etats-Unis et 24 % en France. » Une anecdote racontée par l'officier Alain Romanet témoigne de ce qu'une intervention policière réussie ne dépend pas toujours du nombre d'agents expédiés sur le lieu de l'événement.

« Il était environ 20 heures 30. C'était un banal accident de la route. Simplement, il avait lieu à Vénissieux, boulevard Lénine (Note de l'auteur : au cœur des Minguettes). Il se trouve que le véhicule accidenté était volé. Deux jeunes individus étaient gravement blessés et la population présente, composée en majorité de jeunes, disait qu'ils avaient été percutés par le véhicule accidenté, et que son conducteur avait pris la fuite à pied. Tout le monde était en train de se retourner contre les pompiers qui, soit disant, n'étaient pas arrivés assez vite. Il y avait environ mille à mille cinq cents personnes. Il se trouve qu'après les toutes premières constatations, nous avons remarqué qu'une basket manquant à un des blessés se trouvait à l'intérieur du véhicule. Il l'avait visiblement perdue en passant par le pare-brise. Les mères pleuraient très fort et les jeunes étaient convaincus que les pompiers discriminaient les cités. Ce qui est faux bien sûr. Mon arrivée sur les lieux était attendue et l'assistance a vu qu'un responsable s'était déplacé. J'ai réussi à identifier deux ou trois meneurs. Je leur ai clairement expliqué que si la situation se dégradait, et si les pompiers ne pouvaient plus travailler, il pouvait en aller de la vie des deux blessés qui étaient leurs amis. Et que s'ils décédaient, je ferais le nécessaire pour les en tenir responsables. Il y avait une tension maximum et on était à la limite du point de rupture. J'ai senti que mes propos aux meneurs avaient porté leurs fruits. L'intervention a duré une demi-heure et cela nous parut très long. »

Le soir où je les ai accompagnés, ils étaient une quarantaine de policiers à tourner dans cette moitié Est de l'agglomération lyonnaise. Une vingtaine de C.R.S. et vingt autres policiers de la brigade anti-criminalité pouvaient servir de force d'appoint en cas « de besoin ». Cependant, ce suivi du travail policier appelle des observations plus importantes. Tout d'abord, les propos tenus par les policiers rencontrés (« Si on s'en va, qui viendra ? », « On est le dernier rempart de la société », etc.) montrent une tendance à la sacralisation de leur mission. Beaucoup déclaraient être « en guerre contre les jeunes » ou dramatisaient la situation en jurant que « c'est eux ou nous ». A l'heure des surenchères politiques et des campagnes de presse sur l'insécurité, cette propension policière à s'attribuer autant, si ce n'est plus, la tâche de gardien du temple que celle de garant de la sécurité, ne surprend pas. Pour raisonner cette complexité, peut-être faut-il rappeler comme le juriste Jean-Jacques Gleizal que « la police est moins une institution d'ordre qu'un lieu où la société gère le désordre le mieux possible » car « la lutte pour l'ordre est ingrate, tout est toujours à recommencer, le désordre perce sous l'ordre ». En résumé, la police est une institution qui se nourrit du chaos. Attention, il ne s'agit pas d'attester ici quelle est un acteur de ces dissensions mais d'indiquer en quoi ces éclatements lui sont profitables. La seconde observation ne porte pas sur l'institution mais sur ses éléments. En quittant l'équipage de nuit, je ne pouvais m'empêcher de penser aux jeunes qu'ils visent. Dans ce face à face policiers/jeunes des quartiers populaires, on discerne de nombreuses similitudes. Si les codes, les postures et les modes de fonctionnement de chacune des parties diffèrent, il semble que dans ce jeu d'ombre, les agents de police développent (consciemment ou non), et toute proportion gardée, des souffrances et des ressentiments analogues à ceux éprouvés par ces jeunes. Leurs dénonciations des affronts que les jeunes leur font endurer trahissent de manière sous-jacente, une difficulté à exercer le métier de policier dans une société qui ne cesse de leur infliger des humiliations (« les gens ne respectent plus l'uniforme » confie l'un, « on a de plus en plus de mal à faire appliquer le droit et ses formes » regrette l'autre) et ne leur donne pas des preuves de reconnaissance. En outre, la création de postes d'adjoints de sécurité dans le cadre du dispositif emplois-jeunes est subie comme un absolu mépris craché à leur fonction. « Les adjoints de sécurité, c'est la police à deux vitesses, dénonce un gradé. Ils ne sont pas formés, sont très peu qualifiés et nous font perdre du temps. Ils sont le contraire de ce qu'attend le client d'un service public. Tous les policiers sont conscients de cet état de fait. Mais la décision de créer cette fonction est politique et permet d'occuper des jeunes. » Il est évident que ces meurtrissures communes contiennent les germes de la rupture entre les policiers et les jeunes des banlieues populaires. La solitude morale des acteurs des deux groupes, - parce que chacun se sent mal aimé, mal jugé et incompris -, peut mener au pire. Aussi, il importe que les élus de la nation prennent leurs responsabilités avant qu'il ne soit trop tard.

## Chapitre 6

### *Un objet d'équilibre : l'islamisme*

L'islamisme est un sujet encore méconnu en France malgré la multitude d'ouvrages qui ont tenté de cerner son émergence récente. La valeur de ces écrits et la compétence de leurs auteurs ne sont pas en cause. Simplement, ils ont souvent été victimes d'un environnement politique qui pèse sur une analyse apaisée du phénomène. Il est aujourd'hui impossible d'en parler avec le sérieux et la rigueur attendus. A la radio ou à la télévision, dans les colonnes des journaux ou les revues, le petit milieu politico-médiatique s'est auto-habilité à produire des interprétations en glissant un peu trop rapidement sur les faits. Et dans une société où la conviction et l'opinion prennent le pas sur le doute et la connaissance, le discours des intellectuels médiatiques passe sans difficulté le filtre des médias quand celui des chercheurs de terrain n'est que distillé. Or, c'est l'évidence même que d'affirmer que l'islamisme contribue à l'équilibre psychosocial de nombreuses banlieues populaires. Si sa visibilité dans le pays est récente, sa vitalité est notoire. Au cours de ces dernières années, il a gagné une multitude de militants, des jeunes, minoritaires dans le pays, mais dont l'engagement politique souffle si fort dans ces territoires qu'il est nécessaire de le décrire avec précision afin d'éviter les à peu-près.

Pour comprendre ce phénomène, il faut en faire une double lecture. Religieuse, tout d'abord. Face à un Occident considéré comme un pôle d'adversité, l'islamisme propose à ses disciples une revalorisation de soi, en référence à un passé fondé sur l'âge d'or du prophète. Les islamistes, dans leur pays, rejettent la gestion actuelle de la société et critiquent les fondements de la démocratie, jusqu'à prôner, pour certains, la vision d'une société antidémocratique. « Pour les islamistes, la souveraineté n'appartenant qu'à Dieu (principe de la *hakimiyya*), la représentation des acteurs et des intérêts sociaux, à la base de la construction démocratique, est inopérante dans le contexte d'un Etat islamique. Les gouvernants eux-mêmes ne sont que des « délégués » de Dieu sur terre et leur autorité peut-être contestée s'ils pratiquent une « politique législative » contraire à la *charia* » souligne le chercheur Bernard Botiveau. La condamnation des gouvernements théocratiques qui ont précédé les islamistes, le F.L.N. en Algérie et le parti de Reza Pahlavi, le Chah d'Iran appuyé par la SAVAK (police politique), explique ce rejet de la démocratie.

La seconde lecture de l'islamisme a pour objet sa dimension politique. En Algérie et en Iran, le Front Islamique du Salut et le Hezbollah furent considérés comme des réponses aux déstructurations dont ont été victimes des sociétés rendues fragiles par l'imposition d'une modernité brutale. En revanche, les mouvements islamistes ne s'assimilent pas seulement à des instances religieuses. S'ils entreprennent de réécrire l'islam traditionnel, (voir par exemple leur débat sur le pur et l'impur), leur approche va au-delà du strict caractère religieux, puisqu'ils politisent le sacré. Pour autant, ils n'auraient jamais émergé sans l'appui des classes dirigeantes locales, - les cas algériens et égyptiens étant sur ce point exemplaires. Pour lutter contre les courants marxistes actifs sur les campus universitaires, les partis aux pouvoirs leur ont offert les conditions de leur développement. Et pour cause ! Ainsi que le précise le politologue Rémy Leveau, « seuls des mouvements sociaux à discours religieux peuvent engendrer un contrôle social sur les désirs individuels et collectifs (et sont) en mesure de les ramener à un niveau collectivement acceptable. » Mais si la relation entre l'islamisme et les valeurs de modernité induit un phénomène de rupture, il ne faut pas en conclure qu'elle opère un phénomène de rejet. En ce sens, l'orientaliste François Burgat a raison d'insister sur le fait que « la relation entre la poussée islamiste et la modernisation procède moins du rejet de celle-ci par celle-là, que d'un complexe processus de réconciliation qui contribue autant à étendre le champ d'action de la modernité qu'à en interrompre ou à en perturber la progression. » L'islamisme français ne ressemble en rien aux islamismes algérien et iranien. Sa genèse résulte d'une autre histoire qu'il importe de retracer.

**Aux origines de l'islamisme français**

Il est patent que l'échec de l'association « SOS Racisme » a une responsabilité dans l'émergence de l'islamisme français. Né au lendemain de multiples crimes racistes, ce mastodonte médiatique avait nourri de grands espoirs chez les jeunes d'origine maghrébine, comme celui de gagner un statut égal à celui offert aux Français de souche. Leur espérance disparut comme un rêve quand ils découvrirent peu de temps après que les objectifs de cette organisation étaient empreints de générosités intéressées et d'audaces calculées. La description de ce mouvement par son président d'alors, Harlem Désir, onze ans après sa création, trahit son caractère opportuniste. « C'est en septembre 1984 qu'on a envisagé le lancement de SOS Racisme. (...) On avait l'intuition qu'il y avait un décalage entre ce qui s'était produit lors de la marche des beurs, où cent mille personnes avaient manifesté dans les rues de Paris, et les faibles retombées qui avaient suivi. C'est à partir de là, assure-t-il, qu'on a monté SOS Racisme. On était un groupe de militants d'extrême gauche de moins de 25 ans et on avait déjà, compte tenu de notre âge, une importante expérience organisationnelle dans le milieu étudiant. En 1981-1982, on est passé au parti socialiste, parce qu'on voulait sortir du gauchisme. On avait comme modèle le schéma entriste classique des trotskistes des années 30 : on pensait qu'il fallait entrer à l'intérieur des grandes organisations politiques traditionnelles, de ces grands appareils électoraux de gauche un peu figés dans la gestion de l'ordre établi, parce que c'était le lieu qu'utilisait une société pour faire avancer les idées de progrès, de réforme ». Le récit d'Harlem Désir est emprunté. Car tout dans SOS Racisme sentait furieusement le factice. Pour s'en convaincre, le témoignage de Serge Malik, un de ses fondateurs, le prouve. « Grâce à l'alibi intouchable de l'antiracisme, atteste-t-il, SOS faisait tampon entre les socialistes et les jeunes des banlieues. Lorsque ça pétait dans les cités, SOS intervenait, faisait une déclaration et renforçait ainsi, sans l'avoir jamais revendiquée, son image de porte-parole de la jeunesse. Le rôle de SOS était donc de dénoncer les imperfections du système, dans la plus complète impunité. L'assoce palliait la formidable vacuité du projet socialiste dans le domaine de l'immigration, du racisme, et de la montée de l'extrême droite. »

A défaut de réformer la société française, SOS Racisme a servi médiatiquement ses leaders, qu'ils soient visibles (Harlem Désir est aujourd'hui député européen et membre du comité directeur du parti socialiste) ou invisibles (Julien Dray, la tête pensante de l'organisation, est député) et permis aux socialistes de s'ériger en grands prêtres de l'antiracisme. Une grande partie des Français d'origine maghrébine avait attendu de cette association les clés de la construction de leur identité, une demande jamais satisfaite. Le pis pour ces individus, c'est qu'ils se virent gratifier d'une affreuse béquille, le qualificatif « beur », qui se voulait bienveillant et chaleureux mais qui se mua rapidement en un attribut infirme et offensant. Le Beur est un Maghrébin né en France au même titre que l'Afro-américain est un Noir né aux Etats-Unis. Issue d'un formidable mouvement civique né au lendemain des révoltes vénissianes de l'été 1981, SOS Racisme se sera finalement opposée aux intérêts de ceux qui voyaient en elle des occasions d'espérer. D'autant plus qu'il faut établir ici la réalité d'un fait : l'articulation entre les émeutes de l'été 1981 et la marche contre le racisme du 3 décembre 1983 à Paris dans un rassemblement qui avait vu 60 000 personnes battre le pavé entre la place de la Bastille et la gare de Montparnasse. Ce passage de la crise de fureur à la revendication pacifiste montre qu'une catégorie d'individus désiraient alors s'inscrire de façon paisible dans la société française. Malheureusement pour ces jeunes, ils furent au centre d'un énorme quiproquo. Les observateurs du rassemblement avaient analysé, à tort, cette manifestation comme un vœu d'intégration culturel dans la société française. « Les beurs sont un formidable atout culturel pour la France » s'était exclamé le patron du quotidien *Libération*, Serge July. Or, le sens de ce regroupement n'avait rien de social. Il était porté par une dynamique essentiellement politique. Cette réduction sémantique fut lourde de conséquences. Dix-huit ans plus tard, les petits frères des manifestants de décembre 1983 font preuve de moins d'allégeance vis-à-vis de la société française. Rejetant les idéaux politiques de leurs grands frères, ils ont fait le choix de la confrontation : le quartier contre les pouvoirs publics, les valeurs de l'islam contre les valeurs de la République, la violence urbaine contre l'ordre établi. L'échec d'une initiative comme « Stop la violence », dont les similitudes d'origine avec SOS Racisme sont stupéfiantes, témoigne de cette radicalisation.

L'abandon par le Parti Socialiste des populations d'origine maghrébine, après leur avoir tant promis en matière de promotion socio-politique, pourrait constituer la seconde cause de l'avènement de l'islamisme français. En mai 1981, la victoire de François Mitterrand avait donné beaucoup d'espoir aux Maghrébins. Principale cause de leur espérance, la promesse socialiste d'instituer le droit de vote pour les étrangers. « Après une certaine durée de séjour, les étrangers auront accès au droit de vote communal. Leur représentation par voie d'élection sera assurée auprès des organismes responsables des problèmes qui les concernent » affirmaient-ils dans leur programme de gouvernement en 1972. Neuf ans plus tard, la mesure se trouvait dans le contingent des 110 propositions du candidat Mitterrand. Appliquée, elle aurait facilité l'intégration politique et sociale des étrangers. Sitôt parvenus au pouvoir, les socialistes sacrifièrent le front des audacieux, de crainte de décevoir une partie de son électorat. L'irruption avec fracas du Front National dans le jeu politique, en mars 1983, sonnait le glas de ce projet. D'objet politique, l'immigration fut aussitôt travestie en sujet politique, une vulgaire serpillière sur laquelle la gauche aimait voir la droite perdre pied, une immigration responsable, aux yeux de l'extrême droite, de toutes les misères qui accablent la France. En 2001, le droit de vote pour les étrangers est un combat d'arrière-garde. « Lionel Jospin a tranché ce débat, confie un haut fonctionnaire. Il est contre le droit de vote des étrangers aux élections ». Le fait que l'opinion soit tétanisée à sa seule évocation est l'unique motif de ce refus. Sinon comment expliquer qu'une personnalité aussi importante que Martine Aubry, ne manifeste plus sa volonté en faveur de ce droit quand trois mois avant la prise du pouvoir par les socialistes, elle faisait savoir : « si j'ai nettement pris position en faveur du droit de vote des immigrés aux élections locales, c'est aussi parce que je crois qu'il s'agit d'un élément important d'intégration. » Il est vrai que le vœu socialiste d'hier de « changer la vie », ne s'accommode pas avec une conception gouvernementale, fondée par François Mitterrand et définitivement institutionnalisée par Lionel Jospin : hors une politique qui a les faveurs de l'opinion, point de salut !

Le traumatisme déclenché par la guerre d'Algérie est le dernier élément structurant l'islamisme français. Même si cette sombre tragédie a resurgi ces derniers mois dans le champ médiatique à la faveur d'un débat sur la torture, l'histoire de France n'est toujours pas prolixe sur cette période. Certes, la République souscrit, enfin, à l'idée d'une guerre, mais, les enfants d'origine algérienne sont élevés au milieu de grands trous de mémoire. La France refuse de leur raconter leur histoire et leurs parents n'osent pas se confier. De nombreuses familles algériennes flottent dans une situation schizophrénique. Elles ont perdu des proches lors de ce long conflit, tombés sous les balles françaises, et sont incapables d'expliquer à leur descendance les raisons pour lesquelles elles sont venues s'installer inconfortablement en France. Difficile dans ces conditions pour ces enfants de se construire une identité sachant que leur histoire familiale est ainsi dissimulée.

**Les impatiences de Khaled Kelkal**

L'islamisme français est un processus de construction de soi et montre chez ses adeptes des conduites « d'assagissement ». Contrairement à l'islamisme des pays arabes, il n'appelle pas ses disciples à la mort. Les martyropathes du GIA, du Hezbollah ou du Hamas n'ont pas leur équivalent en France. Ainsi, les explications exagérées des commentateurs qui ont comparé le jeune Khaled Kelkal aux jusqu'au-boutistes algériens sont absurdes. L'histoire de ce jeune vaudais, recueillie en 1992 par le chercheur allemand Dietmar Loch, dessine la banalité d'une vie similaire à celles de milliers d'autres jeunes habitant une banlieue populaire. On observe que l'existence de Khaled Kelkal est une suite d'attentes prolongées et de mouvements d'impatience, des signes de supplice brusquement remplacés par de la rage les jours de trop grande souffrance. Le commentaire de Dietmar Loch traduit d'ailleurs avec justesse le parcours du jeune vaudais. « La biographie de Khaled Kelkal est exemplaire. C'est un exemple du bon départ d'un bon élève qui a échoué face à la discrimination. Un bon exemple pour la force de l'initiative individuelle qui n'a pu trouver sa place et qui a dérivé dans la délinquance, et un exemple en raison de son instrumentalisation ultérieure. Khaled Kelkal ne parle pas de « l'intérieur ». Il parle pour la jeunesse de Vaulx-en-Velin. Terroriste ou miroir pour la société ? Khaled Kelkal était un Franco-Maghrébin qui cherchait la reconnaissance et la dignité et ne les a pas retrouvées ».Est-ce que l'histoire de Khaled Kelkal est comparable à celle des islamistes radicaux algériens ? Une grande partie de la presse nationale n'avait pas reculé devant les engrenages réducteurs : « terroriste islamiste isolé, voire manipulé ou Robin des bois de banlieue en révolte contre la société au point de vouloir tuer aveuglément ? » demandait *Le Monde* (1 et 2 décembre 1995). « Khaled Kelkal est peut-être rentré dans l'engrenage après avoir été recruté dans une mosquée sauvage de la banlieue lyonnaise » diagnostiquait *Le Figaro* (11 septembre 1995). Autre accusée de l'affaire

Kelkal, la banlieue, présumée coupable de l'itinéraire du jeune homme. « Khaled Kelkal a l'impression d'avoir payé le prix fort, d'avoir servi d'exemple parce qu'il est issu de Vaulx-en-Velin, une ville symbole de la crise des banlieues » attestait *Le Figaro* (12 septembre 1995). « Tout se passe comme si l'enfermement dans un quartier déshérité et mal desservi, théâtre de bavures policières, de faits divers dramatiques et à présent de l'équipée de Khaled Kelkal, favorisait l'émergence d'une mentalité quasi-paranoïaque » prophétisait *Le Monde* (8 et 9 septembre 1995). Cette accusation de la banlieue, sorte de bête immonde à laquelle il est reproché d'enfanter « des personnes profondément intégristes » qui « expriment une sorte de folie, de haine » et « se comportent comme des bêtes sauvages » selon les mots utilisés par Jacques Chirac pour qualifier les terroristes, a anéanti symboliquement des territoires déjà lourdement stigmatisés. Il est certain que Vaulx-en-Velin, la commune dans laquelle vivait Khaled Kelkal, portera longtemps les traces d'un tel dénigrement.

Quant à Khaled Kelkal, il fut, pour son grand malheur, récupéré par des cerveaux mieux organisés et entraîné dans une machination diabolique dont il ne pouvait pas se sortir. La machinerie intégriste fonctionne à ce moment-là comme une secte. Elle dérègle l'individu et le pousse au suicide au nom de l'intérêt collectif. Cette précision n'est pas inutile : le basculement du jeune Vaudais vers le sacrifice est en totale opposition avec le comportement des martyropathes du GIA ou du Hezbollah qui, à l'inverse, sacralisent leur désespoir puisqu'ils sont les acteurs de leur propre mort. Leur passage à la mort répond à un besoin d'affirmer une autonomie et un refus de la réalité. Pour saisir avec plus de clarté ce phénomène, cet extrait du testament (Note de l'auteur : traduit par Alain Chaoulli) d'un Bassidji, un combattant iranien de la guerre Iran-Irak, est utile.

« Je suis dans la voie du soulèvement contre l'oppression qui mène au martyr. Le martyr est mon ultime souhait qui seul peut étancher ma soif. Je suis sur le chemin qui traverse le vide entre l'argile dont tout homme a été créé et l'esprit d'Allah (que tout homme porte en lui d'après le Coran) pour devenir ainsi un témoin contre l'athéisme et pour ceux qui agissent à tort. J'espère que l'arbre de l'Islam sera arrosé du sang que moi et mes frères musulmans lui auront offert et qu'il portera les fruits (ceux de la liberté) pour mon peuple. (...). Dites à tous mes amis de porter leurs efforts contre les ennemis de l'Islam et de ne pas être effrayés par la mort qui, en fait, est la porte de la paix éternelle ».

**L'avant et l'après de Slimane**

Aux dires de ses adeptes, l'islamisme français permet de troquer un avenir sombre contre un horizon lumineux. Slimane, un jeune homme de 28 ans, est de ceux qui lui confèrent cette vertu. « J'ai arrêté l'école après un CAP d'électricité. J'ai bossé dur pour l'avoir. Je sortais pas beaucoup avec mes potes parce que je voulais pas me laisser avoir par la facilité. Beaucoup d'entre eux ne travaillaient pas. Je restais souvent enfermé à réviser mes cours. Mes profs m'avaient dit que pour réussir, il fallait faire comme ça. Après le CAP, j'ai cherché du boulot. Je me suis inscrit à l'ANPE. C'était la galère. Quand je tombais sur une annonce qui m'intéressait, je la demandais aux secrétaires puis j'appelais l'employeur. Mais au moment où il allait me donner un rendez-vous pour un entretien, il me demandait mon nom et mon adresse. Je les donnais. *Je m'appelle Slimane, j'habite à Vénissieux*. Et alors là, soit il me demandait mon numéro de téléphone et me disait qu'il allait me rappeler, ce qu'il faisait jamais; soit il me donnait un rendez-vous, mais il me rappelait le matin du rendez-vous pour me dire que le boulot avait été donné à quelqu'un d'autre.

Pendant un moment, j'ai fait de l'intérim. La plupart du temps, c'était des boulots de manutentionnaire ou de nettoyeur. J'ai jamais réussi à bosser dans l'électricité. Et puis, c'est de plus en plus dur de travailler, les agences d'intérim avaient de moins en moins de taf à me proposer. Des fois, elles me demandaient des trucs bizarres comme cinq ans d'expérience pour un boulot que j'avais déjà fait. Une fois, j'ai voulu m'inscrire dans une boite d'intérim à Lyon, et là, c'est ma carte de résidence qu'ils m'ont demandé. *Eh !, je suis né en France,* je leur ai répondu. J'en ai eu marre, je gagnais plus une thune. Dans ces moments-là, tu cherches plus à comprendre et tu te dis qu'il vaut mieux laisser tomber. Je me suis mis à sortir souvent avec des potes. On faisait du recel de magnétoscopes et d'autoradios pour avoir des Francs. On fumait, on buvait, on regardait plus le temps passer. Je me levais tard le matin. J'arrêtais pas de m'accrocher avec ma mère. Mon père, lui, il disait rien. Quand je passais devant lui et qu'il était avec des vieux comme lui, il tournait le dos comme s'il me connaissait pas. Tu t'imagines, moi son fils ! »

Slimane me contait ces quelques phases de son existence avec un détachement remarquable. Les péripéties de son quotidien ne semblaient plus lui appartenir au point que mes murmures de répugnance pour les comportements inadmissibles des employeurs ne provoquaient chez lui qu'un vague sourire de dépit. Slimane me paraissait relater une vie antérieure. « Il y a un avant et un après l'islam », répétait-il. Mes interrogations sur l'avant ne le passionnait pas. « Avant de devenir un musulman, je zonais pas mal comme ceux que tu vois en face (il me montre un groupe de jeunes adultes assis sur le banc d'un arrêt de bus). Remarques, on aurait pu se débrouiller si on avait voulu. Une fois, on a été abordés par une femme qui venait de Paris. Elle nous avait dit que c'est Pasqua qui l'avait envoyée. C'était après les élections de 1993. La droite les avait gagnées. Elle bossait pour une association qui s'appelait Fraternité Banlieue. Elle cherchait des mecs pour faire de la retape pour Pasqua. Pour qu'on accepte de marcher, elle nous avait dit que la droite était là pour vingt ans et qu'on avait intérêt à l'aider. Elle nous avait promis pas mal de trucs si on marchait. Moi, ça m'intéressait pas. Je voulais pas faire l'Arabe de service. Presque personne voulait l'aider. Cette histoire m'avait dégoûté. Et puis, un jour, on est allé avec un ami à un congrès de l'Union des Jeunes Musulmans. C'était dans un chapiteau aux Minguettes. Et là, je te jure, j'ai entendu des trucs que j'avais jamais entendus. Des trucs sur ma communauté, sur ma religion, sur moi, quoi. Quand tu te rends compte de ça, t'as deux choix : soit tu te mets une balle dans la tête parce que tu te rends compte que ta vie ça a été n'importe quoi, soit tu choisis de vivre pour Dieu. Aujourd'hui, ma vie c'est pour Dieu. Je vais à la mosquée, je fais mes *khouroujes* (note de l'auteur : du prosélytisme), je vis normalement, quoi ».

Slimane était ravi de me décrire sa rencontre avec Dieu et de me parler de sa nouvelle existence. Il évoquait avec satisfaction les desseins purs de l'islam. Combien y-a-t-il de Slimane dans le pays ? Personne ne le sait. Seule certitude, ces "apatrides" se sont engagés par défaut dans la religion. Comme le souligne la sociologue Nikola Tietze, « l'islam permet à une personne victime de mépris, de la mauvaise réputation et qui se sent en état d'infériorité dans sa capacité d'action par rapport aux autres, de ressentir de la respectabilité. Il rend possible une estime de soi. » Pour les plus âgés, ceux qui ont battu le pavée contre le racisme au cours des années quatre-vingt, l'islamisme a une fonction réparatrice des déchirures causées par l'attente pénible et cruelle d'un « vrai » Moi. Quant aux plus jeunes, petits frères des premiers, ils ont additionné les peines des grands frères aux haines nourries par les multiples épreuves quotidiennes. Aussi, l'islamisme participe à la constitution du noyau dur de leur personnalité et concourt à marquer de son empreinte leur culture originelle. La figure de leur identité est, - ne l'oublions pas -, une construction bâtie sur un double terreau : Français, de part leur éducation scolaire et Arabo-Musulman de part leur culture d'origine.

## Des pratiques interdites

L'islamisme français participe donc à la constitution, en tant que personne, de jeunes jamais intégrés. Malheureusement, ce phénomène est depuis quelques années l'objet d'une mésinterprétation et d'une fâcheuse tendance à amalgamer deux terminologies distinctes, -l'islamisme et l'intégrisme-, au risque de mener à des drames. Il faut, sur ce plan, regretter l'attitude des pouvoirs publics qui n'ont jamais cessé de transformer un phénomène psychosocial en un fait terroriste, condamnant *ipso facto* les islamistes français à des pratiques clandestines. Six ans après les attentats islamistes qui ont meurtri le pays, l'islamisme est toujours réduit à un objet de terreur. Ainsi, les multiples opérations de police menées entre le 9 novembre 1994, date de la première rafle anti-islamiste, jusqu'à l'automne 1995, avaient concerné plus de 500 personnes. Plus de 200 d'entre-elles avaient fait l'objet d'une mise en examen, le plus souvent assortie d'une mise en détention. Ces jeunes ont subi l'épreuve de l'arrestation, suivie de l'interminable garde à vue avant de rejoindre, menottes aux poignets, un juge qui les a jetés en prison. Pour d'obscures raisons : « La cour estime que la détention provisoire de l'appelant est l'unique moyen de garantir son maintien à la disposition de la justice, d'empêcher une concertation frauduleuse entre les co-mis en examen et de préserver l'ordre public du trouble grave et persistant causé par les infractions qui lui sont reprochées ». Néanmoins, si les coups de filet anti-islamistes ont rassuré l'opinion public, et offert aux ministres de l'Intérieur de l'époque (Charles Pasqua entre 1993 et 1995 et Jean-Louis Debré entre 1995 et 1997) l'image d'agents actifs et utiles au pays, de nombreux jeunes ont enduré des incarcérations injustes et se trouvent depuis sans repères psychologiques et sociaux. A l'issue, par exemple, du « procès Chalabi », (Note de l'auteur : cette procédure jugeait les animateurs d'un réseau de soutien logistique aux maquis islamistes du GIA en Algérie), la onzième chambre du tribunal correctionnel de Paris a relaxé plus d'un tiers des prévenus. Selon leurs avocats, soixante-trois des cent trente huit accusés ont effectué au total l'équivalent de 33 ans de détention provisoire « pour rien ». Deux mésaventures, vécues par Karim et Hakim, permettent d'apprécier la portée des dégâts causés par l'aveuglement des juges antiterroristes.

Karim est un Tunisien de trente et un ans. Il a quitté son pays il y a quelques années en raison de son militantisme en faveur du mouvement islamiste Ennadah. La chasse organisée par le président Ben Ali l'avait amené à la prudence et finalement l'exil. Sitôt installé en France, il réclamait l'asile politique au nom du danger réel qui le guettait dans son pays. Quelques temps après, la préfecture lui délivrait un récépissé de demandeur d'asile et le priait de patienter. Le 24 juin 1995, la police l'interpellait sur commission rogatoire dans le cadre d'une information ouverte au chef « d'association de malfaiteurs en relation avec une entreprise terroriste ». Il fut arrêté dans un local utilisé, selon la police, par des militants fondamentalistes après une supposée découverte d'une cache d'armes. En réalité, cette pièce abritait des cassettes, un journal du FIS et des revues du mouvement Ennadah. Karim séjourna en prison jusqu'en décembre 1995. Sa sortie fut motivée par une formule entendue par bon nombre d'islamistes : « La détention du mis en examen n'est plus utile à la manifestation de la vérité ». Ce prisonnier de l'inutile était malgré tout astreint à ne pas franchir les limites du territoire et devait se présenter deux fois par mois à la Direction pour la sécurité du territoire.

Hakim est un jeune Français d'une vingtaine d'années. Résidant au Val d'Argent Sud, il poursuivait encore ses études à la veille de la rentrée universitaire 1995-1996. Nikola Tietze l'a souvent rencontré à l'occasion d'un travail de recherche. « A travers la conception en tant que mode de vie, l'islam sert à déterminer le projet d'une communauté et permet l'emblématisation d'un groupe. Tout en s'inscrivant dans une mémoire collective, Hakim rompt avec le monde religieux de ses parents. Il veut entrer dans l'espace public en revendiquant l'égalité de sa différence. Le passage du monde vécu à l'espace public semble bloqué, ce qui rend cette démarche particulièrement conflictuelle. » notait-elle à son endroit. A la fin du mois d'août 1995, Hakim fut cueilli par la police sous le motif ordinaire « d'association de malfaiteurs » et emprisonné à la maison d'arrêt d'Osny. Il fut libéré trois mois plus tard, pour la simple raison que les autorités judiciaires mesurèrent l'extravagance de son enfermement. Hakim était coupable du délit « d'islamisme », un forfait grave pour lequel le « flagrant délit » n'est pas indispensable. Pour ce jeune homme, le contrecoup de cet emprisonnement fut terrible. Après avoir raté sa rentrée universitaire, il se retrouva dans une impasse. Mais le pire pourrait être à venir. Les sentiments paradoxaux éprouvés par Hakim à l'égard de la France ont été modifiés et épurés de leurs charges positives. Hakim est dorénavant un être brisé à la merci du premier prêcheur de guerre ouverte contre l'occident. Derrière Hakim, c'est l'image de Khaled Kelkal qui apparaît aussitôt en filigrane.

L'avocate de Karim dénonce la politique judiciaire française à l'égard de l'islamisme. « La présomption d'innocence n'existe plus en matière de terrorisme. C'est pourquoi, je dis toujours à mes clients que je ne connais pas la durée de leur emprisonnement. Les aberrations sont tellement nombreuses dans ce type d'affaires qu'on ne peut, en effet, jurer de rien. Un juge anti-terroriste m'a dit un jour : « Nous sommes en état de guerre ! ». Résultat, on a arrêté à tour de bras. On peut aujourd'hui établir une comparaison avec les événements qui ont eu lieu lors de la Seconde Guerre Mondiale. Sous Vichy, on surveillait tout ce qui donnait l'impression d'être Juif. Aujourd'hui, le contexte est identique pour les Musulmans. Ce qui leur arrive est dramatique. Au début, ils ont l'espoir de l'innocence, mais ils comprennent très vite qu'ils ne pourront pas prouver leur innocence. Lorsque j'obtiens enfin leur libération, ils sont encore plus paumés que lorsqu'on les a enfermés. »

### Le devenir de l'islamisme français

L'avenir d'une multitude de banlieues populaires est partiellement lié au destin de l'islamisme. Réappropriation rageuse de soi-même ou expression d'une identité bafouée, l'islamisme français fait émerger une nouvelle jeunesse dont il calme les douleurs en leur proposant des valeurs euphorisantes. Seulement, la République a décidé de le combattre. Les élus locaux continuent de le considérer comme une affaire de police. A cause de cette réduction à l'absurde, un nombre important de jeunes pourrait être tenté par l'islamisme radical. Cette thèse est minoritaire dans le pays. Or, croire comme le sociologue Farhad Khosrokhavar, un des grands spécialistes de l'islamisme dans le pays, que peu de jeunes peuvent basculer dans le terrorisme tient désormais de la gageure. S'il a raison d'affirmer que « pour tomber dans l'islamisme radical, encore faut-il pouvoir s'y consacrer corps et âme, prendre part aux stages d'entraînement à l'étranger (Pakistan, Afghanistan, Soudan), ne pas fléchir à mi-chemin, nourrir de manière constante une vision combative et, surtout, se soumettre à des règles draconiennes, sous peine d'être identifié et arrêté par les forces de l'ordre, (et que) la plupart des exclus sont trop instables. », il omet l'existence d'un phénomène nouveau. On observe actuellement dans les banlieues lyonnaise et parisienne des tentatives de regroupement de jeunes décidés à créer une sorte « d'assemblée des quartiers », un rassemblement qui se rapproche de la « umma » (communauté des croyants dans l'islam). A leur tête, on trouve un nouveau type d'acteurs. Agés entre 20 et 35 ans, ils sont universitaires, chômeurs, ouvriers ou responsables associatifs. Conscients de la capacité de nuisance des quartiers et des risques, - aussi bien politiques que sociaux - qu'ils font courir au pays en cas de soulèvements urbains, ils espèrent fédérer autour d'eux tous les exclus des banlieues populaires. Certains rêvent même d'un mouvement de masse qui prendrait sa revanche contre la classe dominante du pays (les Français de souche). « Il y a des gens qui veulent faire de leur quartier une sorte de lieu indépendant qui serait régi par ses habitants. Son accès serait interdit aux médias. Certains proposent de faire comme les talibans, c'est-à-dire fermer le quartier aux journalistes. D'autres pensent, au contraire, qu'il faut faire comme les chiapas mexicains et en gérer la communication, c'est-à-dire qu'il faut donner à voir aux médias ce qu'on veut et non plus ce qu'ils veulent » confie un observateur privilégié d'une commune francilienne. Après l'islam communautaire des années 1970-1980 et l'islam culturo-religieux des années 1990-1996, on s'acheminerait alors vers un nouvel âge de l'islam français dont la préoccupation principale est la reconnaissance politique d'individus actuellement hors champ. Dans cet âge III de l'islam français, comme dans l'islamisme algérien des années 1988 à 1992, l'islamisme est un moyen entrevu par des jeunes de s'insérer dans le champ politique. Leur maintien à l'écart du monde du travail, leur exclusion du monde politique et les préjugés raciaux dont ils sont victimes les amènent à revendiquer une sorte d'« Islamic Power ». Dans « *A l'Ouest d'Allah* », le sociologue Gilles Kepel évoquait déjà l'émergence de ce phénomène communautaire. « Les jeunes veulent reconstruire la communauté, unir les musulmans autour d'un modèle de vie, d'éducation, qui se réfère strictement à l'islam, mais tiennent compte du système politique français. (...). Cette réaffirmation communautaire, en réponse à la situation des banlieues, est un phénomène nouveau qui marque le tournant des années 1990. Mais rien ne permet de dire qu'il est, en 1994, majoritaire : beaucoup de jeunes issus de l'immigration maghrébine ne se reconnaissent pas dans ce projet. » Depuis la parution de cet ouvrage, deux événements majeurs, - l'inscription durable des idées de l'extrême droite dans la sphère publique et les attentats islamistes de 1995 et 1996 -, font que ce scepticisme paraît aujourd'hui dépassé. Sur la toile de fond de la confrontation quotidienne entre ces jeunes et la classe dominante s'est développé chez les premiers un sentiment d'amertume et de frustration, prélude à la revendication d'une identité politique franco-islamique. Leur absence persistante dans le champ politique, - l'élection municipale de mars 2001 en est une preuve éclatante- et l'étouffement de leur parole sont des causes déterminantes de ce désir d'un respect politique. A terme, ce combat pour une identité politique franco-islamique pourrait se transformer en conflit urbain si ces nouveaux acteurs n'obtiennent pas cette reconnaissance politique. Si une croisade au nom de la foi est impensable, une lutte au nom d'une conquête politique est tout à fait envisageable. Reste que cette violence intériorisée ne pourrait être sublimée en cas d'échec de l'islam politique français. Et que leur désir d'être reconnus par la société française entraînera sûrement les militants d'une identité politique franco-islamique à la violence.

## Chapitre 7

### *Quel avenir pour les banlieues populaires ?*

Longtemps, les professionnels de la ville ont considéré que le quartier correspondait au lieu de traitement des crises urbaines. Les opérations Habitat et Vie Sociale puis Développement Social des Quartiers furent les réponses pratiques à cette analyse. La multiplication du nombre de quartiers en difficulté (148 en 1982, 1300 au début des années 1990 et 5000 annoncés pour ce début de siècle) et le développement de la ségrégation territoriale ont poussé les pouvoirs publics à changer de niveau d'intervention et à donner naissance aux grands projets urbains (GPU) dans le cadre du onzième plan (1994-1999) et aux grands projets de ville (GPV) depuis 2001. Globalement, le bilan des GPU est mauvais. La situation dans laquelle se trouvaient les villes inscrites dans ce dispositif (Roubaix-Tourcoing, Argenteuil, le Mantois (Mantes-la-Jolie, Mantes-la-Ville et Buchelay), Grigny, Epinay-sur-Seine, Gennevilliers, Saint-Denis/Aubervilliers/la Courneuve, Aulnay-sous-Bois, Clichy-sous-Bois/Montfermeil, Vaulx-en-Velin, Vénissieux et Marseille) s'est détériorée. Le GPU n'a pas réalisé ses objectifs : transformer radicalement les grands ensembles d'habitat et combler les déficits en matière d'équipements et d'infrastructures. En cela, les infortunes de Vaulx-en-Velin et Vénissieux sont exemplaires.

Parce qu'elles abritent les populations les plus fragiles du département (59,7 % des foyers vaudais et 50 % des foyers vénissians n'étaient pas imposables en 1994, des taux qu'il faut comparer aux 26,4 % des communes les plus aisées de la région), leur déclin était prévisible. Plus généralement, on peut affirmer qu'elles sont des victimes ignorées de la mondialisation et des effets de la loi du marché sur le développement économique du pays. Façonnées par les industries du secteur primaire, la décroissance de l'emploi industriel a eu sur elles des effets déstructurants considérables. Et l'internationalisation de l'économie les a fait déchanter. Elles étaient hier des actrices majeures du développement économique du pays. Elles sont devenues des spectatrices d'un jeu dont elles sont exclues. Observateur avisé de cette mainmise du marché financier sur les politiques économiques, le chercheur Frédéric Lordon formule une appréciation critique de ce phénomène. « On n'a pas, regrette-t-il, suffisamment pris la mesure des mutations qu'a induites sur la politique économique son plongement dans le contexte d'une finance internationale déréglementée. » Contrecoup de cette vampirisation du pouvoir politique par les marchés financiers, « la politique économique (d'un Etat) doit venir à bout de deux épreuves de validation séquentielle : la première auprès des marchés qui délivrent une sorte de laissez-passer et décident si la politique (économique) est immédiatement disqualifiée ou si elle peut continuer à « concourir »; la deuxième épreuve, située dans le moyen terme où s'appréciera la capacité à satisfaire les objectifs finaux initialement affichés. Ainsi, les taux d'intérêt et le change sont les supports concrets de cette capacité décisoire mais asymétrique : ils ne font pas à eux-seuls une politique mais ils peuvent à eux-seuls la défaire. » Avec le recul, on découvre l'ampleur du décalage entre les réponses apportées par les pouvoirs publics pour lutter contre les déstructurations industrielles et la réalité des mutations économiques.

Est-ce que les GPV peuvent apporter les clefs du salut urbain ? Soyons lucide, non. Certes, ils comportent un ensemble d'opérations capables de dynamiser ces villes : la construction d'équipements sportifs, commerciaux, scolaires et socioculturels, la prévention de la délinquance et la lutte contre la toxicomanie, l'insertion des jeunes en difficulté et l'accès aux soins et à la santé représentent des investissements notoires pour l'avenir de ces communes. Pour quel résultat ? En dix ans, entre 1990 et 1999, Vaulx-en-Velin a perdu 5000 habitants et Vénissieux 4000. C'est à cette aune qu'on mesure l'échec de la politique dans les banlieues populaires.

### L'abandon probable des poches d'exclusion

Nous ne le répéterons jamais assez : les dispositifs urbains sont des opérations autoritaires destinées à ramener des villes rebelles dans un espace commun, le pays, pour en faire un ensemble conforme à la fiche anthropométrique de la nation. Le recensement des verbes contenus dans les procédures GPU vaudais et vénissians témoignait de cette singulière transmutation. Au hasard, on déniche les verbes intégrer, améliorer, recomposer, adapter, construire, démolir, insérer, esthétiser, sécuriser, investir et dynamiser. Qui peut croire qu'il s'agit de termes appropriés à une intervention urbaine ? Avec l'accord de l'Etat, les élus vaudais et vénissians dessinent la ville de demain en oubliant une grande partie de leurs habitants actuels. Que vont-ils devenir ? Où vont-ils être logés ? Pour l'heure, le sujet est tabou. A Vaulx-en-Velin, un nouveau centre-ville émerge. Il sera beau et moderne, nous dit-on. Les services de l'Etat le citent en modèle. Une plaquette éditée par la ville et le Grand Lyon le présentait avec emphase. « Le projet urbain de centre-ville de Vaulx-en-Velin est tout à la fois ambitieux et réaliste. Ambitieux, car il entend recomposer globalement et qualitativement le centre-ville sur le plan de l'espace urbain et des fonctions qu'il accueille. Réaliste, car la programmation retenue, tout en s'adaptant aux objectifs urbains, se fonde sur une analyse objective des contraintes et une référence permanente aux potentiels du marché. » Un peu plus loin, est annoncée « la construction à terme sur le centre-ville de 500 à 600 logements de qualité, permettant de faire « monter en gamme » l'offre résidentielle (locatif intermédiaire, accession à la propriété) et de l'adapter à des cibles variées : jeunes, étudiants, ménages actifs, personnes âgées. » Est-ce que Vaulx-en-Velin va réussir à « monter en gamme »? Le vouloir ne suffira pas. D'autant que les habitants actuels refuseront de partir.

Le scénario prévisible de toutes les communes en GPV laisse présager, à terme, une probable division administrative de ces villes. Il semble inévitable que les quartiers pauvres logeront les miséreux, le centre-ville abritant les classes moyennes et aisées. Cette sinistre projection repose sur la constatation de plusieurs facteurs détériorants.

Tout d'abord, les difficultés financières des banlieues populaires, conjuguées aux réductions opérées dans le budget social de l'Etat, vont certainement contraindre les municipalités GPV à faire le choix du centre-ville contre les quartiers pauvres. Le pouvoir préfère toujours celui qui obéit à celui qui conteste. Pour l'heure, la tendance est à la cogestion des quartiers difficiles (Etat, commune et communauté urbaine quand elle existe). Est-ce une étape intermédiaire avant l'instauration d'une autogestion de ces territoires par leurs habitants et les associations encore sur place ? D'essence anglo-saxonne, ce passage à l'autonomie administrative des quartiers sensibles compte de nombreux partisans. Lors d'une table ronde organisée à Nantes le 18 janvier 1996, André Barthélémy, ancien président des filiales de l'Union nationale des HLM, estimait que si « les progrès en matière de participation sont réels en France, comparés avec un certain nombre de mécanismes étrangers, nous sommes aux limites du système. » Et d'ajouter, en substance, qu'il « ne faudrait pas que les progrès réels réalisés dans le domaine de la participation masquent un certain nombre de réformes, de plus en plus indispensables, si l'on veut répondre dans de bonnes conditions aux défis qui sont posés à notre société par la crise urbaine actuelle. » Cette intervention faisait suite à une présentation des pratiques néerlandaises. Aux Pays-Bas, l'ensemble des crédits des ministères est délégué. Les contrats sont passés pour cinq ans, évalués et vérifiés chaque année par une autorité indépendante. Les communes délèguent souvent la gestion d'un certain nombre de crédits à des acteurs plus proches du terrain. En outre, les pouvoirs publics attribuent aux associations d'habitants des moyens qui leur permettent d'avoir à leur disposition des experts et des dispositifs de formation. Spécialiste des évaluations urbaines, Daniel Béhar observe ce désengagement de l'Etat depuis la mise en place du pacte de relance pour la ville. « On assiste au changement de méthode qui correspond à la troisième rupture avec la politique antérieure de la ville. D'une relation contractuelle entre l'Etat et les collectivités locales - certes chaotique, mais qui offrait la possibilité de s'inscrire dans une logique de développement local -, on passe à un appel à projets pour lequel l'Etat fixe non seulement les règles du jeu, mais aussi dorénavant le contenu. (...). Ainsi, les collectivités locales ne peuvent plus négocier les différentes mesures dérogatoires attachées aux zones urbaines, tandis que l'Etat, sous un mode de décision teinté de républicanisme, organise en réalité son désengagement. En créant les zones franches, concluait-il, il se donne en effet moins de capacité pour intervenir. »

Il est à craindre qu'aucune politique étatique ne soit bientôt possible. D'autant que les banlieues populaires ne cessent de cultiver la mémoire de l'humiliation. Je me souviens des mots d'un animateur de la cité du Val Fourré, un jour de juin 1991. L'avant veille, deux jeunes, Aïssa Illitch et Youssef Khaïf, et une fonctionnaire de police, Christine Baillet, avaient trouvé la mort dans un dramatique fait-divers. Mimoun avait ouvert comme à l'accoutumé son local d'animation. Kamel, un autre animateur, l'avait rejoint. « On dirait que les jeunes sont sonnés ? » avait-il lâché. « Ils sont pas sonnés mon pote, ils veulent pas parler, c'est tout ! » avait répondu Mimoun. « Tu crois que ça va encore péter ? » avait demandé l'autre. « J'en sais rien. Le seul truc que je sais, c'est qu'ils veulent venger leurs potes. C'est sûr ! Ils les oublieront jamais, et moi non plus. Jamais ! ». En 2001, Mantes-la-Jolie est la ville la plus touchée par les violences urbaines dans le département des Yvelines. Ici, toutes les institutions publiques ou privées sont des cibles potentielles : écoles, transports, police, commerces, France Télécom. Les incendies volontaires (de commerces et de véhicules), les jets de projectiles sur les policiers en intervention et les regroupements juvéniles (50 à 100 jeunes) sont fréquents. La dérive du Val Fourré est telle que les facteurs de flambées des violences urbaines sont parfois difficiles à identifier. Plusieurs véhicules peuvent brûler à quelques jours d'intervalle sans qu'il soit possible de relier les faits entre eux. « Si le GPU ne marche pas, comme j'en ai l'impression, il faudra bien abandonner le Val Fourré » me déclara en mars 1996 un travailleur social. « Si le GPU est un échec, l'Etat devra administrer directement ma commune » prévenait, de son côté, Pierre Bédier, le maire de la ville, lors d'un colloque parisien sur l'exclusion en mai 1996.

L'abandon des quartiers en crise est une réflexion commune à de nombreux acteurs locaux. A l'occasion d'un reportage pour la revue *Urbanisme* à Vaulx-en-Velin, en novembre 1995, un employé municipal me fit part du vœu caché de certains élus de voir le Front National remporter les élections municipales de 2001. « Ils en ont marre des quartiers, ils n'en voient pas la fin. A chaque fois qu'on croit que ça va marcher, on se retrouve avec des nouvelles violences. Ils sont de plus en plus nombreux à penser que pour que Vaulx s'en sorte, il faudrait que le Front National nettoie tout ça. » Devant mon étonnement, il me confia tout sourire qu'un de ses collègues franciliens, oeuvrant à Montfermeil, affirmait, il y a peu, que « le seul moyen de rétablir les quartiers serait de les entourer d'un fil barbelé et d'y foutre le feu ». Pour provocatrice qu'elle soit, cette remarque témoigne des profonds signes de lassitude qui ont gagné les acteurs de terrain. De plus en plus d'élus locaux expriment cette fatigue en public. Parfois, cette rage de confession tourmente les plus médiatiques d'entre eux. A l'occasion d'un colloque organisé en juillet 1993 à Lyon sur « les grands ensembles et la politique de la ville », le maire de Vaulx-en-Velin, Maurice Charrier, déclara que « ramener l'ensemble des fonctions à se côtoyer sur un même territoire, la fonction logement de la fonction économique, culturelle et administrative » exige « une restructuration profonde de nos quartiers où il faut créer des droits à construire, le traitement des bas d'immeubles ne suffisant pas. » Et de considérer qu'il

« faut démolir, car là, on aura une véritable diversification de l'habitat dans les quartiers ».

## Les invisibles de la carte sociale

L'abandon plausible des quartiers en crise sera d'autant plus inéluctable qu'une multitude de poches d'exclusion, aujourd'hui invisibles à la loupe médiatique, commencent à poindre dans l'Hexagone. Situées dans des communes financièrement aisées, ces petits espaces de misère ne souffrent pas de difficultés aussi dures que celles qui étranglent les banlieues populaires. Leur taux de chômage, le nombre des bénéficiaires de revenus sociaux et la part de foyers non imposables s'élèvent à des pics encore tolérables pour leurs administrateurs. Pourtant, ces indicateurs s'affolent depuis quelques saisons. Des actes de délinquance troublent lentement des paysages jusque-là tranquilles, et la psychose de l'insécurité franchit le seuil des pavillons et des appartements. Ce phénomène de détérioration sociale a son contrecoup en terme politique, puisque le Front National a brutalement surgi dans ces territoires en juin 1995, réalisant des scores aussi significatifs que dans certaines villes en GPU. Pour mesurer le cours de cette érosion sociale, deux villes de la région parisienne, Rueil Malmaison et Le Mée-sur-Seine, et une troisième, Neuville-sur-Saône, dans l'agglomération lyonnaise, ont valeur d'exemple.

Situé à la périphérie de la commune de Rueil Malmaison, dans les Hauts-de-Seine, le quartier de Plaine Gare abritait 9 575 habitants lors du recensement de 1990. L'ensemble est majoritairement composé de maisons individuelles, figées à quelques centaines de mètres d'un opulent centre-ville. Tout près de là, une poignée d'immeubles HLM se dresse de part et d'autre d'une avenue, à un vol d'oiseau seulement de la ville de Nanterre et à cinq minutes du quartier de la Défense. Une partie des familles pauvres de la commune vit dans ces tours. Ici, la densité des 16-25 ans est considérable. Peu d'entre eux travaillent. Ils occupent leur temps au deal du cannabis et au recel d'objets volés. La prison a déjà enchaîné une cinquantaine de ces récidivistes pour des durées chaque fois plus longues. L'inamovible maire RPR de la ville, Jacques Baumel, a longtemps négligé ce territoire. Elu haut la main à chacune des élections grâce aux voix unanimes des classes moyennes et aisées, il ne prêtait guère d'attention aux infortunées de sa commune. Mais la multiplication des actes de violence, l'accroissement du nombre de jeunes en difficulté et les manifestations de mécontentement ont brusquement alerté l'édile rueillois au début des années quatre-vingt-dix de la nécessité d'agir. Des clubs d'animation permanente (CAP), des structures pour les 12-25 ans, sont nés peu de temps après. Cela n'a rien changé. La drogue, l'alcoolisme et la délinquance touchent un nombre toujours croissant de jeunes. Le centre commercial est une victime permanente des braquages « de nécessité », selon l'expression locale. S'il n'y a pas lieu de s'étonner de l'échec de la politique des CAP, c'est qu'elle illustre un raisonnement paternaliste jadis exalté par des maires des banlieues populaires. Sur le terrain, l'employé du CAP Plaine Gare a la mission d'animer et de surveiller le public jeune. Sa présence tient aussi du symbole puisqu'il est, en quelque sorte, le protecteur des quartiers riches de la ville. Jusqu'ici, l'ordre est plus ou moins maintenu à Plaine Gare. Mais la tranquillité adolescente est achetée au prix de pédagogies démagogiques. Ainsi, lorsque des jeunes réclament durant l'été 1995 un véhicule pour aller à Paris ou exigent des tickets d'entrée dans un centre nautique à la mode, les animateurs reçoivent la consigne de ne pas contrarier leur désir. Engagé anonymement comme animateur durant deux mois, j'ai dû conduire à Deauville des adultes âgés de 20 à 25 ans contre une participation de 5 francs, le prix d'une canette de soda. L'objectif de cette sortie était d'éloigner durant une journée les éléments perturbateurs de la cité. Sur place, ils dépensèrent de vingt à cinquante fois le montant de leur voyage en car. Aussi, comment ne pas rester indifférent à ces pratiques ? Le coût de cette pacification risque de se révéler dispendieux pour la ville dans un moyen terme. Le nombre élevé de mineurs vivant dans les deux poches de pauvreté de la commune, - le quartier de la Fouilleuse est dans un même état de déshérence -, est un indice critique. S'il suffit, pour le moment, de trois cars de C.R.S. pour neutraliser les révoltes urbaines, ce contingent se révélera insuffisant dans une dizaine d'années.

Rueil Malmaison est une ville à très fort PIB. Une étude effectuée par l'INSEE et la Caisse d'allocations familiales (publiée en octobre 1995) soulignait que le taux de foyers fiscaux non imposés est de 23,3 % à Rueil et 19,3 % à Neuilly-sur-Seine contre 51,2 % à Gennevilliers, une commune inscrite dans une procédure GPV. Si d'aventure une crise urbaine embrasait Rueil, ses effets sur la vie économique et financière locale seraient considérables. Aussi, qui peut croire que l'Etat n'aura pas à cœur de sauvegarder à tout prix la paix dans ce type de commune ?

Peuplée de 7 067 habitants, Neuville-sur-Saône est une commune fiscalement fortunée. Son potentiel la place au onzième rang départemental sur les 55 communes du Rhône. 10% de ses résidents appartiennent à une catégorie socioprofessionnelle aisée et la taxe professionnelle versée par les entreprises installées dans sa zone d'activités ne cesse d'augmenter. Principal pourvoyeur de fonds, le chimiste Roussel Uclaf règle 60 % du montant total. Depuis le début des années 1990, Neuville-sur-Saône se heurte à deux obstacles, l'Echo et l'Aventurière, deux quartiers situés dans le nord de la ville. Ces problèmes ont poussé les élus de la ville à inscrire ces deux sites dans une procédure de contrat de ville. Pour l'heure, ils manifestent une inquiétude modérée en ce qui concerne l'issue de cette dégradation. « Nos finances nous permettent de contenir les déséquilibres sociaux qui touchent notre commune. » confie le secrétaire général de la mairie. Reste que si son aisance financière la met à l'abri d'un dérapage économique, cet atout ne suffit pas à rassurer Neuville-sur-Saône. « Les résultats de notre action en direction de nos deux quartiers difficiles sont loin d'être suffisants, déclare le secrétaire général. On ne sait plus trop que faire. On s'interroge aussi sur l'utilité de notre action. D'autant que les deux groupes de population de la commune ne cessent de s'éloigner. » Illustration de cette dissension, la commune rencontre d'énormes difficultés dans la gestion de son espace public. Ainsi, le parc attenant à l'hôtel de ville a sensiblement été déserté par la frange aisée de la commune et est essentiellement investi par les jeunes et les familles maghrébines de l'Echo et l'Aventurière. « Ce parc était autrefois fréquenté par les personnes âgées, les familles françaises et les jeunes couples » dit avec regret le secrétaire général. L'argent ne suffisant pas à raccommoder cette déchirure sociale, Neuville-sur-Saône est perplexe. « Il va falloir se demander ce que l'on veut. Peut-on laisser une frange minoritaire de la population faire ce qu'elle veut, menacer et insulter les autres ? Nous sommes aujourd'hui à la croisée des chemins. Seulement, cela ne se réglera pas au niveau local. Ici, on peut agir sur les conséquences et non sur les causes. L'Etat, conclut-il, et lui seul, détient la solution à ce problème. »

Dernière invisible de la carte sociale, Le Mée-sur-Seine. Village traditionnel des bords de Seine, cette commune s'est trouvée englobée dans un vaste programme d'urbanisation de la zone Melun-Senart à l'entame des années 80. Plusieurs vagues de grands ensembles et des programmes pavillonnaires avaient surgi sur son périmètre en lieu et place de champs agricoles. L'évolution de sa population atteste de cette métamorphose. En 1975, 5 792 personnes habitaient Le Mée-sur-Seine. En 1982, elle comptait 13 764 résidents. Huit ans plus tard, on en dénombrait 20 922. Le recensement de 1999, enfin, témoignait d'une progression à 21 201 résidents. Le caractère brutal de cette greffe urbaine provoque, depuis lors, des réactions de colère des premiers habitants. Leur cible : le quartier de l'Allée de la Gare. Coupé en deux par une rue qui s'étend sur 400 mètres environ, cette cité décline impassiblement un ensemble bordé d'immeubles à une hauteur humaine, des petits commerces, une grande surface, une annexe de la mairie centrale et un bureau de poste. Une enquête du CREDOC couvrant les années 1990 à 1993 indiquait que 11,8 % des familles qui y séjournaient avaient des revenus mensuels inférieurs à 6000 francs. Dans les autres quartiers de la ville, ce taux tombait à 7,1 %. Le chômage avait ici aussi un taux plus fort, 6,6 % de la population active était touchée contre un peu moins de 5 % ailleurs. Comparés à ceux des banlieues populaires, ces taux sont bas. Ils sont pourtant les premiers indicateurs d'une déchirure du tissu social du Mée. Ainsi, l'étude du CREDOC révélait « des tensions potentielles autour de la présence dans la rue des groupes de jeunes et des étrangers qui font croire à l'existence d'une concentration d'immigrés ». Elle notait aussi qu'un sentiment d'insécurité dominait. 71 % des personnes interrogées jugeaient que la sécurité dans le quartier est insuffisamment traitée. 54,3 % affirmaient que la situation avait empiré en matière de délinquance. Le lieu est « peu fréquentable le soir, concluait l'auteur de la note, et l'attrait potentiel serait compromis par les problèmes de sécurité et de vandalisme. » Ces craintes n'étaient pas justifiées. En 1992, les services du ministère de l'Intérieur recensaient 39,4 délits pour 1000 habitants dans ce quartier contre 39 dans le vieux Mée, 60,3 dans la ville voisine de Melun et 65,8 dans la France entière.

Comment expliquer ces ruptures ? Il semble que l'histoire du lieu donne un élément de réponse. A l'origine, le projet d'édification de l'Allée de la Gare stipulait que ce quartier ferait fonction de centre-ville. Or, le refus des élus locaux d'aller au bout de leur projet a rendu ce quartier improbable et inachevé. La forte densité de sa population (sa surface constitue 10 % de la superficie de la commune et accueille 25 % de la population locale), l'absence d'animation et le manque de services de proximité (des carences consécutives à l'abandon d'une partie du projet initial de la Z.A.C.) ont fini par pousser de nombreuses familles à fuir l'allée de la Gare. Sans conteste, les choix politiques de l'équipe municipale en place à ce moment-là ont favorisé ce mouvement d'exode. « Il faut s'interroger, demandait le CREDOC, sur le décalage observé entre la perspective sécuritaire donnée aux actions du programme du DSU et l'aspiration des habitants à une gestion du cadre et de l'animation urbaine. » En clair, l'argent du DSU du Mée-sur-Seine aurait permis aux élus locaux de développer une politique sécuritaire, principalement en direction des étrangers. « Il n'y a pas de volonté d'intégration des étrangers, constatait le CREDOC. Des partenaires estiment qu'il faut avant tout limiter le nombre d'étrangers et voient l'intégration comme devant favoriser l'adaptation du mode de vie français, en particulier dans le domaine de l'éducation des enfants. (...) Plus fondamentalement, l'ambiguïté entre l'idée généreuse de l'intégration portée par le réseau associatif et la volonté municipale de limiter l'accès des familles émigrés au logement social et de réduire les problèmes de délinquance imputé à la présence de jeunes Maghrébins, Africains et Antillais, empêche manifestement l'affirmation claire d'un objectif d'intégration. »

François Quéniart est directeur de la société d'HLM « les Foyers de Seine-et-Marne ». Son établissement possède 150 logements à l'Allée de la Gare. A ce titre, son témoignage, recueilli en 1996, est précieux pour la bonne compréhension de la lente dérive de ce jeune quartier. « Nous avons livré nos appartements en 1988. D'entrée de jeu, il y a eu une présélection de nos locataires. Mon prédécesseur avait accepté le vœu de la ville de ne pas loger les étrangers et les cas sociaux. Cette attitude avait occasionné quelques problèmes de remplissage. Les autres bailleurs avaient été moins regardants que lui sur la question du peuplement. C'est pour cette raison que nous avons eu des problèmes plus tardivement que les autres. Nos premières difficultés ont commencé en 1993. Des portes étaient cassées tous les quinze jours, des ascenseurs étaient délabrés, des locataires étaient menacés ou agressés physiquement, des toxicomanes utilisaient nos allées. Nos résidents se plaignaient sans cesse. Nombre d'entre eux ont fui. La vacance de nos appartements devenait inquiétante. Quant au taux de rotation, il est encore aujourd'hui de l'ordre de 15 % par an. Ce qui fait qu'en trois ans, la moitié de notre population est renouvelée. Lorsque les événements se sont accélérés, nous avons dû agir. Nous avons mis en place un système de badge magnétique pour entrer dans nos immeubles, nos interphones et nos digicodes étant devenus inefficaces. Nous avons aussi interpellé les élus locaux afin de décider de mesures communes à tous les bailleurs HLM pour sécuriser nos locataires. Une des premières mesures communes a consisté à mettre en place un module de formation pour les gardiens d'immeubles pour leur apprendre à réagir face à la violence. De son côté, la municipalité a demandé plus de force de police à l'Etat, y compris des stagiaires de l'armée que nous logeons. Aujourd'hui, on a arrêté la descente du quartier vers le pire mais j'avoue que l'équilibre est très fragile. Heureusement que le supermarché, qui est l'élément structurel du site, n'a pas fermé ses portes, sinon c'est la catastrophe. Le quartier peut exploser à n'importe quel moment. Mes locataires sont toujours inquiets, à tel point que j'ai engagé des vigiles durant deux ans pour surveiller mes logements. Je ne vous cache pas que je suis préoccupé par l'avenir de ce site. En tant que directeur d'un office HLM, je ne peux rien faire d'autre pour rassurer mes locataires. Si demain la situation empirait, je serais impuissant ».

Plaine Gare et l'Allée de la Gare sont des exemples typiques des espaces invisibles sur la carte sociale des villes en crise. Situées dans les zones fragiles de villes fortunées, ils n'entrent pas dans la liste des lieux en difficulté répertoriés par l'administration. Leurs problèmes sont encore minorés. Cependant, le tonnerre gronde. Ces quartiers jouxtent des richesses interdites à leurs habitants. En face, les résidents des beaux quartiers ont transformé leur demeure en bunker. Doit-on en conclure que Rueil Malmaison, Neuville-sur-Saône et Le Mée-sur-Seine sont promises à des avenirs sombres ? Peut-être. Reste l'essentiel : contrairement aux banlieues populaires, leur sort est entre leurs mains. D'autant que, on l'a vu, les pouvoirs publics n'abandonneront jamais ces localités à grande valeur économique. Rueil Malmaison, par exemple, abrite 700 entreprises, dont 6 sur 10 sont de nationalité étrangère, et 100 sièges sociaux. Les pauvres et les marginaux seront alors libres de courber l'échine ou de quitter les lieux pour s'installer dans les endroits adéquats à leur statut. Ce triste scénario se bâtit chaque jour.

## Chapitre 8

### *La responsabilité morale des métropoles*

Notre constat montre un ensemble de dysfonctionnements dont les séquelles sont à l'heure actuelle souvent inconnues. Lentement, la société urbaine parait sombrer. Sur le terrain, rares sont les acteurs sociaux prêts à soulever ces montagnes du désespoir. La résignation isole les volontaires et pousse au suicide les êtres brisés. Le témoignage d'Isabelle Senente-Semensatis, conseillère en économie sociale et familiale à Elboeuf (Seine-Maritime), recueilli par *Télérama*, prouve cette dangereuse évolution. « Sans travail, dit-elle, on est très dépendant de la société. Et ça, on ne peut pas le supporter éternellement. Avec mes collègues, on constate de plus en plus que les gens vont très mal. On sait traiter un problème de budget, mais que faire avec des problèmes psychiatriques ? (...) Il y a sept ans, on ne voyait pas de gens si mal dans leur tête , - des gens qui pleurent, qui disent « J'ai peur de tout, je n'ose même plus prendre un autobus » -. Nous, travailleurs sociaux, on est là avec une aide ponctuelle. Dès qu'ils coulent, on les tire par les cheveux pour qu'ils restent à la surface. Mais que va-t-il se passer à plus long terme ? On se dit : quel avenir a cette famille ? A leur place, on passerait chez l'armurier. » L'illusion créée par les promesses inconsidérées du candidat Chirac, lors des élections présidentielles d'avril 1995, et les reniements de Lionel Jospin ont fini par convaincre bon nombre d'entre eux de leur mise en quarantaine dans le cul-de-sac urbain que constitue la crise de la ville. Dans ces conditions, pourquoi persister à promouvoir la politique de la ville ? Puisque les vingt années de politique de la ville se sont soldées par un échec, - l'impuissance politique à concrétiser le vœu de mixité sociale est un indicateur valable -, ne serait-il pas temps de réfléchir à une alternative politique à cet exercice de rafistolage social ? En reportage pour la revue *Urbanisme* à Saint-Etienne (quartier de Montchovet), Calais (quartier du Fort Nieulay) et Nancy (quartier du Haut du Lièvre) en janvier 1999 pour observer les effets des DSQ menés entre 1984 et 1989, j'ai constaté combien Satan n'est pas le seul à avoir perdu tout espoir. Aucun des habitants interviewés n'avait conservé un souvenir de cette opération. A Calais, par exemple, ils préféraient évoquer leurs difficultés : les années de chômage qu'on ne compte plus, leurs espoirs déçus par un tunnel sous la Manche qui ne leur a pas profité économiquement, les difficultés à cohabiter avec les autres, etc. Directeur d'Espace Fort, un équipement sanitaire et social installé au Fort Nieulay, Jean-Jacques Triquet observe chaque jour ce spectacle d'existences à la dérive. « La politique en général a tétanisé les gens, dénonce-t-il. On le voit avec le RMI car c'est l'exemple le plus flagrant. Ici, chacun a son revenu d'insertion. C'est quelque chose qui coûte cher à l'ensemble des collectivités qui participent à cette organisation. Mais ce choix de l'aide individuelle est fait au détriment des subventions qu'on attribue aux associations, aux centres de formation et autres organismes qui permettaient aux individus de se réinsérer. On donne de l'argent à des familles pour qu'elles survivent et pas plus. Et pour qu'elles se maintiennent à peu près, on réévalue régulièrement leur RMI et on les autorise à toucher le RMI tout en travaillant quelques heures par semaine. Mais ça sera très limité malgré tout. »

### Les dégâts du Grand Lyon

Il sera d'autant plus hasardeux de lier l'avenir des banlieues populaires aux procédures urbaines que le sens de l'évolution socio-économique des métropoles régionales, - les villes de la ceinture bleue -, a sur elles une incidence tout aussi décisive.

Ainsi, il est évident que l'avenir de Vaulx-en-Velin et de Vénissieux dépendra fortement de la politique urbaine menée à Lyon. Pour saisir cette dépendance, le rappel de l'histoire urbaine de la place Gabriel Péri est nécessaire.

Située à la périphérie du 3e et du 7e arrondissement de la ville, la Place du Pont, - son ancien nom demeure dans les mémoires locales -, abritait, dans un périmètre délimité par la rue Paul Bert, la grande rue de la Guillotière, le cours Gambetta, la rue Moncey et la rue de Marseille, une forte population d'origine maghrébine. Ce site était connu au-delà de la Méditerranée, aussi bien à Alger qu'à Tunis et Rabat. Parcouru par de nombreux commerces arabes, il accueillait à chaque fin de semaine une multitude de Maghrébins à la recherche d'euphorisants produits du pays d'origine, ou désireux de se retrouver dans une aire de proximité ethnique. Sous prétexte que les immeubles de la place du Pont étaient très dégradés, les élus locaux jugèrent utile de démolir les secteurs Moncey, Villeroy et Paul Bert. « Je crois qu'il faudra que les élus aient le courage de créer un gros poumon d'oxygène dans la ville. Il faut éclater cette population et créer la tranquillité et l'agrément avec un parc » avait déclaré la conseillère générale du canton, Simone André (UDF) au quotidien régional *Le Progrès*. Cette manière de légitimer l'opération en l'appuyant sur l'ancienneté et la dégradation du site n'avait trompé personne. Ainsi que le précise Gilles Bentayou, cité par le chercheur Azouz Begag, « souvent, vétuste et insalubre est devenu un qualificatif généralisé à l'ensemble du parc de logements, et devient le facteur clé par lequel s'établit la concordance entre l'état physique du bâti et l'état « social » de la population qu'il abrite. » En 2001, la place Gabriel Péri n'est pas encore devenue le quartier urbain attendu par les élus lyonnais. Les circuits de vente de la drogue ne sont pas tous fermés et le centre de la place demeure un lieu de rassemblement des vieux Maghrébins. Au demeurant, on observe quelques changements notoires. Les multiples démolitions ont commencé à apporter au site la vocation urbaine exigée par les élus locaux : sa transformation en un « territoire français ». Entre les recensements de 1982 et 1990, le profil de la population a profondément changé. La part des étrangers est passée de 11,4 % à 9,9 % de la population totale. Dans le même temps, le taux des nouveaux habitants, 26,4 % en 1982, s'élevait à 40,3 % en 1990. Une partie des indésirables du quartier a été chassée et remplacée par une population plus conforme avec les nouvelles exigences de la municipalité. Le nombre d'employés et d'ouvriers a connu une baisse substantielle entre ces deux périodes passant, pour le premier, de 13,3 à 12,2 %, et pour le second, de 11,6 à 8,6 %. Cette évolution a profité aux cadres supérieurs, - 10,3 % en 1990 contre 6,7 % en 1982 -, et aux professions intermédiaires, - 12,5 % en 1990 contre 10,6 % en 1982. Lentement, le troisième arrondissement se rapproche de la configuration globale de la ville de Lyon puisqu'il présente une typologie des structures socio-économiques quasi semblables au reste de la commune. D'un point de vue urbain, ce travail d'aménagement rapproche la capitale des Gaules du cercle des villes de grande envergure. « Etre international, déclarait René Gagès, l'architecte de l'opération, c'est savoir trouver son échelle ». Exit donc, résume Azouz Begag, « la médina recroquevillée sur elle-même, aux ruelles crasseuses, malodorantes et obscures, le commerce ethnique et la concentration des Maghrébins, l'invisibilité du quartier, source de tant de mystères et d'étrangeté. »

Cette transformation de la place Gabriel Péri a eu de graves incidences sur certaines communes de banlieue. Avant cette réhabilitation, ce quartier était l'un des deux points de départ du trafic de drogues dures dans la préfecture rhodanienne. Aussi, lorsque la ville de Lyon a entamé le nettoyage de la place Gabriel Péri, les familles socialement en difficultés furent immédiatement déplacées vers les communes de l'est du département : Vénissieux, Bron et surtout Vaulx-en-Velin. Avec la population, c'est tout un marché qu'on déménageait. En peu de temps, les dealers y ont remonté un formidable circuit d'économie parallèle en s'appuyant sur plusieurs quartiers : le Mas-du-Taureau, la Thibaude et Ecoin-sous-Lacombe à Vaulx-en-Velin et le Charréard et les Minguettes à Vénissieux. Dix-huit mois après les événements vaudais d'octobre 1990, une note des R.G. établissait un constat alarmiste. « La cité du Mas-de-Taureau, théâtre des incidents d'octobre, n'est plus le seul lieu sensible de l'agglomération. La drogue, dont le trafic semble de plus en plus apparent et qui fait vivre des familles entières, touche le nord du Mas-du-Taureau, les Chemins des Maraîchers, des Vergers et de la Ferme, où demeurent quelques familles jugées « indésirables ». Quant au quartier d'Ecoin-Thibaude, les riverains hésitent à s'y aventurer la nuit tombée, par crainte des agressions. Des caïds contrôlent ce secteur où règne une économie parallèle basée sur divers trafics et dans lequel les forces de l'ordre ont toutes difficultés à assurer leurs missions. Certains fonctionnaires ont été « prévenus » qu'ils ne devaient plus mettre les pieds à la Thibaude; d'autres ont reçu des coups de téléphone anonymes et il n'est pas rare de trouver, sur les murs, des graffitis à l'encontre des fonctionnaires désignés nominativement. Dans ces enclaves, les éducateurs se heurtent à des grosses difficultés pour rééduquer des jeunes qui ne connaissent que le chômage et qui vivent au contact de dealers à l'argent facile. »

Il serait injuste d'attribuer aux élus lyonnais, - le duo constitué par Michel Noir, maire de la ville entre 1989 et 1995, et Henry Chabert, son adjoint chargé des affaires urbaines, était en première ligne de l'opération - l'entière responsabilité de la dérive mafieuse des communes vaudaise et vénissiane. Il n'empêche, l'opération « Gabriel Péri » a eu pour effet de greffer une partie du trafic de drogues dures dans des territoires déjà gagnés par les drogues douces. La Place du Pont n'est pas le seul quartier lyonnais à avoir expédié ses pauvres dans les banlieues populaires. L'ancien maire du 1er arrondissement (de 1983 à 1989), Marie-Françoise Frobert (RPR), confie qu'elle déplaça une grande partie de ses démunis vers les ZUP de Rillieux-la-Pape, Vaulx-en-Velin et la Duchère (un grand ensemble du 9e arrondissement lyonnais). « Ces déplacements de population étaient nécessaires pour la bonne évolution de l'arrondissement, certifie-t-elle. Il fallait que cela bouge. » Il est difficile de ne pas sourire quand les élus de la seconde ville de France se déclarent aujourd'hui solidaires de toutes les communes de l'agglomération. Désireuse de gagner un statut d'« Europole », Lyon a décidé de repeupler racialement ses quartiers populaires. Quel qu'en soit le prix à payer.

## Paris peuple Epinay-sur-Seine

A l'instar de la Place du Pont, un certain nombre d'habitants de la Goutte d'Or, un quartier populaire du XVIIIe arrondissement de Paris, ont été expédiés dans le quartier d'Orgemont, l'endroit le plus délicat de la commune d'Epinay-sur-Seine. Plus précisément dans les secteurs les plus agités du grand ensemble : rue de Marseille, rue de Dijon et rue de Strasbourg. Peuplé de 11 597 habitants, Orgemont est un quartier en grande difficulté. 90 % de ses logements sont de type sociaux et 15 % de ses habitants (il s'agit du bas de la fourchette) sont au chômage. L'installation des anciens de la Goutte d'Or ne s'est pas faite sans heurts. Nombreux sont les Spinassiens qui les ont accusés d'être la cause d'une détérioration des rapports sociaux. Il est vrai que la concentration de la pauvreté dans le quartier d'Orgemont a mis à mal les projets sociaux de ville. Tout aussi grave, les mauvaises habitudes de la mairie de Paris ont concouru à l'appauvrissement continu d'Orgemont et à la constitution d'immeubles mono-ethniques. Heureusement pour elle, la ville d'Epinay a réussi à stopper les perfidies parisiennes grâce à un chantage efficace. « C'est mon prédécesseur, Gilbert Bonnemaison, qui a mis un coup d'arrêt aux mauvaises pratiques parisiennes, se rappelle Bruno le Roux (maire jusqu'en mars 2001) cela s'est fait en 1993 de manière officieuse. Il était convaincu que la ville de Paris soutenait d'une manière ou d'une autre les familles qui acceptaient de quitter Paris pour Epinay. Ils en avaient des preuves irréfutables. Il a donc fait comprendre au cabinet de Jacques Chirac que les choses ne pouvaient plus continuer comme cela. Je ne sais pas si ce problème s'est réglé dans les couloirs de l'assemblée nationale ou à la suite de ce coup de fil, il n'empêche que les choses se sont aussitôt normalisées. » Mais si Jacques Chirac, tout d'abord, puis Jean Tibéri, ont entendu raison, Epinay doit rester vigilante, Paris cherchant toujours à se défaire de ses miséreux. En mai 1996, par exemple, quatre familles maliennes, résidant jusqu'alors dans des appartements de la rue de Gergovie, dans le XIVe arrondissement, ont failli se retrouver dans un immeuble de la rue de Marseille. L'été précédent, cette allée avait été le théâtre d'un fait-divers mortel. « Quand j'ai appris que la mairie de Paris voulait loger des Maliens chez nous, s'emporte Bruno le Roux, j'ai aussitôt appelé le directeur adjoint du cabinet de Tibéri pour lui rappeler nos arrangements et je lui ai renvoyé les dossiers de ces familles. Rendez-vous compte, ils voulaient les loger dans la même tour et la même cage d'escalier ! Si la société d'HLM ne m'avait pas prévenu à temps, c'est tout notre travail de retissage du lien social qui risquait d'être foutu en l'air. » Même si les emménagements y sont moins nombreux, Paris n'a jamais cessé d'expédier ses pauvres à Epinay. En 1999, plusieurs familles s'y sont installées. Elles avaient un revenu moyen de neuf mille francs par mois.

Contraint d'atténuer ce processus d'expulsion des plus démunis en direction des banlieues populaires, le pouvoir exécutif parisien a trouvé d'autres réceptacles. Jusqu'en mars 2001, cette stratégie d'utilisation de la rénovation urbaine comme d'un accélérateur du changement social s'est faite aux dépens des arrondissements ennemis, ceux qui avaient été gagnés par la gauche plurielle en juin 1995 (le 3e, le 10e, le 11e, le 18e, le 19e et le 20e). Le bulldozer de la norme a envoyé sans désemparer les familles mal logées dans l'est de la capitale, principalement dans le dix-neuvième arrondissement. Maire adjointe du secteur, en charge de la culture et de l'animation de la vie locale et associative, Colette Jacob, membre du Parti Communiste, fut une observatrice presque impuissante de la transformation de son arrondissement par la mairie centrale en baraquement de nécessiteux. « Je crois qu'il est important de vous donner deux statistiques pour que vous saisissiez l'évolution de notre arrondissement, confie-t-elle. Premièrement, lorsque nous avons été élus en 1995, 58 % de nos écoles étaient classées en ZEP. Aujourd'hui, alors que les critères de classement en ZEP n'ont pas changés, 75 % de nos écoles sont dans ce dispositif. Mieux, une zone de l'arrondissement, les rues du Maroc, de Curial, de Tanger, etc., a tous ses établissements en ZEP. Deuxième statistique, en 1995, la majorité des familles payaient le plein tarif quand leurs enfants mangeaient à la cantine. Rares étaient ceux qui bénéficiaient d'un prix réduit. Depuis, cette courbe s'est inversée. Alors que la grille des modalités de réduction n'a pas changé, la majorité des familles paient le tarif réduit. » « Si cette paupérisation du 19e arrondissement traduit un appauvrissement des familles, poursuit Colette Jacob, elle s'explique avant tout par le relogement par la mairie centrale et aussi, il faut le dire, par la préfecture, des familles pauvres de la capitale. Place des Fêtes, par exemple, où j'habite, se trouve une HLM de huit cents logements qu'on appelle les Poissons. Elle est gérée par l'Opac de Paris. Les enfants qui y résident sont scolarisés dans l'école de la rue des Lilas et dans celle de la rue des Bois. Pour l'heure, ces écoles ne sont pas classées en ZEP. Cependant, les chefs de ces établissements nous disent, chiffres à l'appui, que toutes les nouvelles inscriptions qui arrivent des Poissons proviennent de familles relogées et en grande difficulté financière. J'ai reçu quelques-unes de ces familles. Globalement, on trouve des familles immigrés, mais pas en grand nombre, et des familles françaises. Il s'agit le plus souvent de mères célibataires ou divorcées, qui ont deux voire trois enfants. Ces femmes sont des érémistes ou des salariées qui effectuent des petits boulots qui leur rapportent deux à trois mille francs par mois. » Faut-il en conclure que l'horizon du 19e arrondissement est sa « banlieudisation » par la mairie centrale ? Jusqu'ici, elle a payé cher le prix de sa fronde contre la majorité de droite. Souvenons-nous qu'en 1989, le maire de l'époque, Jacques Chirac, avait averti les électeurs parisiens qu'il lui serait difficile de gouverner la capitale si tous les arrondissements n'étaient pas dirigés par une même formation politique. A cette époque, le parti socialiste menaçait la majorité chiraquienne dans les 11e et 20e arrondissements.

Que conclure ? Les développements urbains parisien et lyonnais, s'ils séduisent par une apparence esthétique le touriste et un public préoccupé par la sécurité, attestent d'une tendance à l'homogénéisation socio-économique des métropoles aux dépens des banlieues populaires. « On aurait pu penser, regrette l'anthropologue Daniel Pelligra en évoquant la ville de Lyon, qu'elle se devait, grâce à la Guillotière (Note de l'auteur : quartier dans lequel se situe la Place du Pont), de porter témoignage sur ce que ce siècle a provoqué d'échanges, à la suite d'événements dramatiques, de crises, de migrations plus ou moins voulues ou subies. Que l'on assiste enfin à une prise en compte de l'apport de ces populations dans le domaine économique et culturel, et pas seulement par des expositions de babouches et de derboukas, mais, au-delà de la tolérance et de l'assistance, par une reconnaissance au titre de l'histoire et du patrimoine urbain de ces espaces dont le rayonnement et la réputation s'inscrivent bien au-delà des frontières nationales. »

## Chapitre 9

### *Quelles solutions pour ces villes ?*

Parce que la ville a pris les traits de la démesure, son devenir inquiète les spécialistes. Concentrant 3 % des hommes au début du XIXe siècle, l'espace urbain rassemble 50 % de la population mondiale à l'aube du XXIe siècle. Ce phénomène de l'urbanité a d'abord gagné le Nord. Les Etats-Unis sont ainsi passés de 17 millions de citadins en 1840 à 150 millions en 1910. Le Nord abritait encore 40 % des villes de plus d'un million d'habitants en 1982. Depuis, cette explosion démographique a pris de l'ampleur dans les pays du Sud. En 2001, dix-neuf des vingt-cinq plus importantes agglomérations de la planète sont localisées dans la zone sud du globe. Cette poussée verticale des villes sudistes menace leur centre-ville et dérègle les projets de leurs élus locaux. Le cas de Nouakchott, la capitale de la Mauritanie, offre un exemple typique de cette surcroissance.

Jusqu'en 1958, cette commune était un simple poste militaire, un relais pour le colon français entre Casablanca et Dakar. Au lendemain de l'indépendance mauritanienne, elle fut choisie par les nouveaux chefs du pays pour devenir leur capitale. Moins de cinq cent familles demeuraient alors dans cet endroit sec et aride. Quarante trois ans plus tard, Nouakchott est une métropole qui s'étend sur 27 kilomètres et abrite plus de 600 000 individus. Son ancien maire, Dah Ould Cheikh, explique son développement par l'énorme attrait qu'exerce la ville sur l'intérieur du pays. Conséquence excessive de cette démographie galopante, la métropole centralise aujourd'hui l'immense majorité des services administratifs, sanitaires, scolaires et culturels du pays. Le paradoxe terrible de cette concentration est que plus Nouakchott s'équipe pour accueillir ses nouveaux administrés, plus le flux des nouveaux arrivants augmente. Sa population croît de 10 % chaque année. « Dans peu de temps, Nouakchott rassemblera la moitié des habitants du pays », confie avec anxiété Dah Ould Cheikh. Cette évolution interdit aux responsables de la ville de penser le long terme. L'urgence fait office de politique. « En janvier 1993, raconte-t-il, nous avions recensé un besoin de cent classes dans les écoles. En juillet 1993, nous nous étions rendu compte que ces besoins avaient doublé ».

Pour faire face à ces évolutions incontrôlées, l'ONU a organisé deux sommets « Habitat » en 1976 et en 1996. Le fait que 600 millions de personnes vivent dans des conditions insalubres a convaincu de nombreux dirigeants de l'importance de trouver une parade aux défis de « l'urbanisation planétaire », selon l'expression de la revue *Urbanisme*. Est-ce que le libéralisme économique accordera une chance à l'homme sans-le-sou ? Il est permis de douter de l'indulgence des tenants de la mondialisation capitaliste.

Plus près de nous, l'Union européenne a, elle aussi, décidé de lutter contre le marasme urbain. Son taux d'urbanisation élevé (70 % de ses membres vivent dans des villes de plus de 10 000 habitants, soit un taux supérieur de 30 % à celui des Etats-Unis) motive sa mobilisation. Il faut dire que sa situation est inquiétante : l'Union abrite 16 millions de chômeurs, plus de 50 millions de personnes vivent au-dessous du seuil de pauvreté, 3 millions d'entre-elles sont sans domicile et 21 % des enfants vivent dans des foyers à faible revenu. Reconnaissant la nécessité d'allouer une aide aux villes en difficulté, la commission européenne a créé, en mars 1994, le programme « Urban ». Cette initiative veut lutter contre les problèmes économiques, sociaux et d'environnement des zones défavorisées. Le dispositif est ambitieux. Reste que les Etats membres ne s'accordent pas sur une ligne commune de gestion des banlieues populaires. Nombreux sont par exemple ceux qui reconnaissent que l'une des décisions majeures résiderait dans le consentement du droit de vote aux étrangers lors des élections municipales. Mais, nous l'avons vu, porter remède à la banlieue en y injectant de la citoyenneté est un postulat combattu par les élus français. En dépit des expériences néerlandaises, suédoises et belges où il est apparu que le droit de vote des étrangers représente un argument infaillible en faveur de la participation des étrangers à la vie locale, la France rechigne à aller de l'avant. Depuis la présidence portugaise (du 1er janvier au 30 juin 2000), l'Union européenne exprime ici et là une volonté de progression commune et équitable, rappelant aux sceptiques que son traité stipule que la Communauté a pour mission de « promouvoir un développement harmonieux et équilibré des activités économiques dans l'ensemble de la Communauté, une croissance durable et non inflationniste respectant l'environnement, un haut degré de convergence des performances économiques, un niveau d'emploi et de protection sociale élevé, le relèvement du niveau et de la qualité de vie, la cohésion économique et sociale, et la solidarité entre les Etats membres. » Au-delà des déclarations d'intention, qu'en est-il vraiment ? A l'heure actuelle, l'Europe sociale est un leurre politique. D'après Joël Maurice, auteur d'un rapport sur « l'Europe sociale », « le scénario de l'enlisement (de l'Europe sociale) est le plus probable ». Signe prophétique de ce profond désintérêt pour les questions sociales, la charte des droits fondamentaux, approuvée lors du conseil européen de Nice en décembre 2000, n'a pas retenu une disposition qu'on croyait essentielle : le droit au logement. Au risque d'être répétitif, rappelons que trois millions d'Européens n'ont pas de toit. Dans le même temps, le modèle défendu par Tony Blair et Gerhard Schröder, partisans d'une Europe de la flexibilité, rencontre les faveurs d'un certain nombre d'acteurs politiques continentaux. Est-ce que les laissés-pour-compte de cette communauté d'intérêts accepteront d'être isolés au fond d'un gouffre d'images déformantes ? Faire l'Euro ensemble ne suffira sûrement pas à leur bonheur.

**Les errances des architectes français**

En France, les banlieues populaires nourrissent quantité de desseins. Des projets sont ébauchés, parfois chimériques, d'autres fois grotesques, telle cette idée ridicule et prétentieuse de « troisième ville », un projet dont l'histoire ne retiendra que sa surmédiatisation. De quoi s'agissait-il ? « Finie l'harmonie de la ville homogène, écrit son promoteur, l'architecte Christian de Portzamparc. Les grandes métropoles ressemblent désormais à des disques entourant les centres historiques. Le grand chantier du siècle prochain sera de transformer, de réhabiliter ces territoires. « L'âge III » ne connaîtra plus des modèles idéaux, applicables partout, des schémas reproductibles comme ceux des rues et des immeubles mitoyens ou des tours et barres rectangulaires. Ce sera une époque de modulation, de réaction aux situations, de ruse : on donnera de l'intimité ici, on densifiera là, on ouvrira, on calmera, on rasera, on plantera ailleurs et, à tel endroit, on frappera l'imagination pour attirer, concentrer. » Qu'en penser ? En vérité, rien si ce n'est que cette façon de poser l'humilité comme principe de base architecturale est un pis-aller. Et puis, de quelle ville parle Christian de Portzamparc ? Nous avons vu tout au long de cet ouvrage que « la » ville n'existe pas en tant que telle. Les différences de standing se sont fortement accrues et ont développé simultanément une ville d'assignés à résidence et une ville-monde, « nouvelle figure du capitalisme mondial intégré », selon la définition de Félix Guattari. Quand la seconde capte l'essentiel de la plus-value capitalistique, la première concentre des zones urbaines miséreuses. Aussi, que signifie la pratique d'une architecture « de modulation » ou « de ruse » ? En vérité, Christian de Portzamparc méconnaît totalement les valeurs des banlieues populaires et les aspirations individuelles de ses habitants. Ce constat d'ignorance est d'autant moins étonnant que l'architecture est aujourd'hui dans une impasse. Alors que la ville est un objet essentiellement politique et exige de ses acteurs qu'ils enfilent le bleu de chauffe, l'architecture française se fige dans le neutralisme, pauvre créature qui se parfume à l'éther. D'après Christian de Portzamparc, l'architecture devrait « raccommoder les morceaux » car « il est inutile de faire de grandes théories pour des grands espaces ». Une nouvelle fois, le propos a de quoi laisser songeur. Qu'entend l'architecte de la Villette, à Paris, par « grandes théories » ? S'agit-il de théories politiques, économiques (Note de l'auteur : on oublie trop souvent que la ville est un phénomène économique) ou sociales ? Faisons l'hypothèse qu'il s'agit de politique, l'élu étant après tout un maître d'ouvrage puissant. Dans ce cas, la position de l'ancien lauréat du prix Pritzker mérite d'autant plus discussion qu'elle révèle une sorte de renoncement qui n'est pas, au demeurant, le seul fait de Christian de Portzamparc, mais de beaucoup d'architectes français.

Historiquement, on sait que les grands ensembles sont nés de connivences tacites entre les fonctionnaires du ministère de la Reconstruction et des architectes de renom qui s'étaient laissés grisés par les récompenses glanées ici et là, le grand prix de Rome étant à cette époque la plus prestigieuse d'entre-elles . Dix ans plus tard, la génération des soixante-huitard bousculait ses aînés. L'arrivée de la gauche au pouvoir en 1981 allait donner à ces « rebelles » les moyens de leurs ambitions. A leur tête, l'association Banlieues 89, née selon son mentor, Roland Castro, pour « faire la révolution urbaine », car « chacun savait confusément que dans les banlieues se cachaient les plus grands dangers menaçant le lien social. » Si l'ambition était noble, Banlieues 89 partait avec deux handicaps. Le premier porte sur les motifs de sa création. Vingt ans après, des soupçons demeurent. Est-ce que le souci principal des fondateurs de Banlieues 89 était de recréer du « lien social » dans les ZUP ? Qu'il soit permis de douter de leur sincérité. Plus prosaïquement, il apparaît que Banlieues 89 fut la réponse politique d'architectes contestataires à une manière de faire et d'enseigner l'architecture en France dans les années... 60. Or, les réponses qu'ils apportaient au « mal des grands ensembles » n'étaient plus appropriées. Architecte et enseignant à l'école de Paris La Villette, Yannis Tsiomis, n'est pas loin de partager cette analyse. « Les architectes ont été en décalage aussi bien social que de pratique. On a mené des actions de correction au moment où elles n'avaient plus de prise sur la société. C'est-à-dire que jamais le tissu social ne pouvait être reconstitué comme il l'était avant. On cherchait au fond les prolétaires qui étaient en train de disparaître et à travers eux, on cherchait le schéma d'une révolution volatilisée qu'on avait dans la tête dix ans auparavant. On avait oublié de relire son Marx » conclut-il. Est-ce que l'échec des architectes de Banlieues 89, venant après celui des constructeurs des ZUP, explique la position de neutralité des architectes de la génération actuelle ? D'après Yannis Tsiomis, « la nouvelle génération, celle des années 80-90, a le défaut mais peut-être aussi l'avantage, de la connaissance politique. Elle n'a pas la pratique de vivre sa « professionnalité » comme un semi-militantisme. Au fond, poursuit-il, c'était des subsides ridicules que donnait financièrement cet engagement, mais c'était un investissement militant, qu'on le veuille ou non. Cette génération qui a suivi celle de 68 avait la rage d'y arriver. Au moins, cela elle le savait. »

L'apolitisme de la génération actuelle ne manque pas d'interroger. Marque d'une inculture politique ou traduction d'un enseignement de l'architecture défaillant ? Professeur de philosophie à l'Institut d'urbanisme de Paris et éditeur de la revue *Urbanisme*, Thierry Paquot dénonce les errements intellectuels des professionnels. « L'enseignement de la philosophie - ou même de la sociologie urbaine - exige, de la part de l'étudiant, l'apprentissage d'un vocabulaire et d'un certain nombre de réflexions et de courants de pensées qui ne peuvent pas être ignorés. Sinon, l'on tombe dans l'à-peu-près, la cerise sur le gâteau, le vernis mondain : l'on cite Foucault, Lefebvre ou Habermas ... Combien de fois, ironise-t-il, j'ai entendu des architectes qui, voulant faire un papier sur l'espace public, associaient immédiatement Habermas à cette question sans l'avoir lu ! Pourtant, l'espace public chez Habermas, c'est la publicité ! C'est-à-dire l'information au public d'un message qui est détenu par quelqu'un qui veut le faire partager. Et ceci n'a rien à voir avec la spatialisation, par exemple avec l'idée de la correction d'un parking pour qu'il soit plus agréable pour les passants (...). Finalement, le savoir de l'architecte est assez bricolé. Il emprunte à droite et à gauche sans avoir la rigueur indispensable à la connaissance. » Ce désintérêt pour le savoir, outre qu'il exclut les architectes du débat sur la politique de la ville, a des effets sur leur pratique. Comme Thierry Paquot, Yannis Tsiomis apporte un sens allégorique à cette retraite. « Les architectes français ne lisent pas, observe-t-il, encore moins aujourd'hui. Vous n'avez qu'à voir comment le livre est un ennemi quand vous regardez la Bibliothèque de France. Les gens qui y ont travaillé n'aiment pas le livre. Ils ne savent pas, par exemple, que pour lire, un chercheur a besoin d'accoudoirs ! On a voulu un centre de documentation et, en cela, la Bibliothèque de France est un bon centre de documentation. Cette manière distante vis-à-vis du livre et de la culture, je la discerne aussi chez mes étudiants. Cela va jusqu'à la confusion entre l'image de marque et l'image au sens de la figure. »

**Des villes vidéosurveillées**

En 2001, un grand nombre d'architectes usent d'un discours volontiers agressif lorsqu'ils évoquent les banlieues populaires. Tous aspirent à remettre « les banlieues dans le droit commun ». Il s'agit à terme d'homogénéiser le territoire, d'en faire un espace calibré sur la catégorie sociale de référence, la classe dominante. Cet ordonnancement des hommes et du bâti, outre le fait qu'il se produit contre le développement naturel de la ville, révèle une conception hygiéniste de l'urbanisme car il érige la standardisation en principe fondateur de la civilisation urbaine. En aval des résolutions honteuses affichées par certains architectes, cette conception conservatrice de la ville a une expression matérielle : le développement dans le pays de la vidéosurveillance. Depuis sa signature d'un contrat local de sécurité aux côtés de diverses administrations du pays (ministère de l'Intérieur, Préfecture de la région Rhône-Alpes et du département du Rhône, Académie de Lyon, Tribunal de grande instance de Lyon), la ville de Lyon a pris la tête du mouvement des villes bientôt clôturées. A l'origine du choix lyonnais figure un constat, ainsi résumé par son ancien délégué général à la sécurité, Patrick Buttin, un fonctionnaire détaché du corps préfectoral. « L'Etat n'a pas les moyens de faire régner la sécurité de ses concitoyens. » Aussi, un programme de sécurisation de son espace public a été signé avec le Ministre de l'Intérieur dont il ressort, une augmentation du nombre de ses policiers municipaux, leur nombre passant de 200 à 315 prochainement; la création d'un poste de police municipale dans chaque arrondissement (à l'instar des commissariats de police) et la pose de soixante caméras de vidéosurveillance depuis le début du mois de mars 2001. Douze caméras sont installées dans le quartier populaire de la Duchère (pour un coût de 5 millions de francs), et 48 autres (13 millions de francs) le sont dans les principales rues commerçantes de la Presqu'île, les voies d'accès au métro et sur les places publiques. Toutes les images sont visionnées dans un centre qui fonctionne 365 jours par an, 24 heures/24, par un chef d'équipe, un agent administratif, deux techniciens, quatorze opérateurs et la ... police nationale. Ce quadrillage de l'intime n'a pas donné lieu à un débat politique dans la cité lyonnaise. Citant le cas de la Duchère, un quartier situé dans un arrondissement socialiste, Patrick Buttin évoque même une certaine surprise. « Je suis allé à la Duchère et je pensais que le maire du 9e (Note de l'auteur : Gérard Collomb, aujourd'hui maire de Lyon) demanderait des garanties de non atteinte aux libertés individuelles. Or, il n'a fait preuve d'aucune réticence. » La population locale adopte pour sa part une attitude toute aussi attentiste. Cette insouciance n'étonne pas Patrick Buttin. « Les esprits ont beaucoup évolué au sujet des caméras, dit-il. Pour quasiment tout le monde aujourd'hui, de la bourgeoisie lyonnaise aux populations les plus pauvres, la sécurité vaut plus que la liberté. »

Comment analyser ces comportements de renonciation ? Doit-on en conclure, comme l'écrivait il y a vingt cinq ans, Paul Virilio, que notre inertie s'explique par le fait que nous sommes dominés « par la perversion contemporaine, en fait, un processus de négation qui est devenu la socialité même » ? D'autant que le cas lyonnais préfigure le chemin que vont suivre de nombreuses métropoles du pays. A la tête d'une société de conseil en « sécurité et en sûreté », Régis Thévenet a travaillé pour de nombreuses villes françaises : Lyon et son agglomération, la petite et la grande couronne parisienne, Roubaix, etc. Son témoignage sur l'évolution de la vidéosurveillance dans l'Hexagone est donc instructif. « En dix ans, affirme-t-il, les mentalités ont changé. Certes, la délinquance est un phénomène qui a toujours existé, seulement aujourd'hui, on peut dire que politiquement, il y a une plus grande concertation entre l'ensemble des partenaires concernés, que ce soit la justice, l'éducation nationale, la police, etc. Et plus qu'hier, les élus ont désormais une volonté d'agir. Tous disent : arrêtons les paroles et passons aux actions ». Son associé, Régis Labaune, note qu'il y a « un consensus total chez les élus, qu'ils soient de droite comme de gauche, car tous veulent traiter cette question, et tous discutent aujourd'hui d'égal à égal avec la gendarmerie ou la police nationale. Ils n'ont plus à leur égard une attitude de déférence. » Au risque de surprendre, il convient d'affirmer que la vidéo-surveillance ne sécurisera pas le territoire. Rien aujourd'hui ne permet d'affirmer qu'elle est un moyen de dissuasion efficace des violences urbaines. A Vaulx-en-Velin, par exemple, des caméras ont été installées en 1997 (Place de la Nation, rue Ho-Chi-Minh, à l'intersection des rues Pablo Picasso et Robespierre et avenue Gabriel Péri). Or, si les statistiques indiquent qu'elles auraient rendu possible la baisse (-9,2 %) d'un certain nombre de délits (violences volontaires, vols à la roulotte, vols à la tire, vols avec violence et dégradations), la comparaison des méfaits commis d'avril à septembre 1997 et de janvier à juin 1998 n'aurait pas valeur de constat définitif d'après les services de police. Une note confidentielle de la direction à la prévention et à la sécurité urbaine juge d'ailleurs qu'« il convient de relativiser ces chiffres (Note de l'auteur : d'évolution des sites vidéosurveillés) car cette étude n'intègre pas le taux d'élucidation grâce aux caméras ». Aux Mureaux (Yvelines), où des caméras ont également pris place dans la ville, leur efficacité est remise en cause par les ... policiers. « Elles ne servent à rien si ce n'est à filmer des grappes de jeunes, regrette l'un d'eux. Et quand ils s'apprêtent à commettre un méfait, les jeunes enfilent des cagoules des blousons réversibles et portent des casquettes ».

**Des espaces publics privatisés**

Cette lente vigilisation de la ville s'affirme dans un autre processus : la transformation de l'espace public en territoire de transit. Là encore, l'exemple lyonnais est instructif. Qu'observe-t-on ? Toutes les aires emblématiques, donc propices aux rassemblements humains, sont discrètement excisées. Les bancs publics sont mutilés ou retirés, les centres des places sont labourés par des bassins d'eau et des mobiliers de dissuasion naissent un peu partout. L'exemple de cette dérégulation de l'espace public est constitué par la place des Terreaux, un espace recomposé il y a quelques années par l'architecte Christian Drevet et l'artiste Daniel Buren. De quoi s'agit-il? 69 petites fontaines couvrent la place, lançant régulièrement des jets d'eau à des hauteurs plus ou moins élevées, et une longue barrière métallique la longe du côté de la circulation automobile, coupée une seule fois pour permettre le passage des piétons. Seule mémoire de l'ancienne place, la présence de la fontaine construite par le sculpteur français Frédéric Bartholdi, - un monument classé -, déplacée et installée entre les terrasses des cafés. Enfin, les cafetiers ont dû s'astreindre à aligner leurs parasols dans le même sens et doivent respecter des horaires d'ouverture et de fermeture identiques. Ce réaménagement urbain d'un espace public est significatif de cette volonté politique de sécurisation d'un lieu supposé de rencontre mais dont la requalification favorise essentiellement le transit. Exposant ses intentions à un hebdomadaire local, Christian Drevet affirme avoir voulu faire « une oeuvre d'art, un faire-valoir de la ville. Il est clair, ajoutait-il, que le jardin de la Bourse est plus sympa pour s'asseoir. Ceci dit, je ne voulais pas de banc, ce mobilier immobile qui se démode vite. Par contre, je suis pour le principe qui permettrait convivialité et souplesse. Chacun mettrait sa chaise où il veut et le soir, on rangerait tout ». On croit rêver. Il faut oser parler de « convivialité » quand l'effet de la circulation incessante interdit tout arrêt. En réalité, ce dispositif sécuritaire équivaut à une privatisation de l'espace public au sens où il est dépolitisé et ne répond plus à sa définition d'usage : un endroit où l'on passe et où l'on s'arrête pour bavarder.

Lyon n'étant pas la seule ville française à adopter une stratégie d'invasion de son espace public par des dispositifs sécuritaires (toutes les métropoles de plus de 100 000 habitants vont dans ce sens), il importe d'en mesurer les conséquences. Il est établi que toutes ces mesures (vidéosurveillance, sécurisation de l'espace, renforcement de la présence policière) vont vers un seul but : annihiler la violence urbaine et le sentiment d'insécurité qui en découle. Aux Etats-Unis, où l'on s'embarrasse moins des précautions d'usage lorsqu'on évoque le maniement du glaive de la sécurité, on parle de « tolérance zéro ». Pour évaluer ses effets, la ville de New-York est un exemple intéressant. A lire, en effet, la presse ou à regarder les reportages de la télévision, la démarche new-yorkaise prêcherait le bon sermon et mériterait d'être suivi. Jusqu'où ?

Entamé depuis la fin du mandat de Ed Koch (maire entre 1976 et 1988), cette politique d'éradication de la violence s'est accrue à partir de 1992, année de la prise de la ville par Rudolph Giuliani. D'après un reportage de Jean-Jacques Greil, le nouvel élu a guéri New-York de sa fièvre éruptive. « Près de quarante millions de touristes sont attendus cette année. Il y a dix ans, ils étaient deux fois moins nombreux. Ils ne se seraient jamais promenés à Times Square à onze heures du soir. Le nombril du monde était alors bien sale ... La 42e Rue, à deux pas des théâtres de Broadway, était devenue le centre de la pornographie pour tous les Etats-Unis. C'est là que l'on mesurait le taux de criminalité le plus élevé du pays. La municipalité a racheté les bâtiments vétustes de la 42e Rue pour les reconstruire. Depuis 1992, une puissante association à but non lucratif, regroupant quatre cents grandes entreprises installées dans le quartier, s'occupe de sa rénovation et veille à l'application des règles : tout nouveau bâtiment doit comporter un théâtre, un cinéma et de grandes affiches lumineuses. L'association vient d'ouvrir un office du tourisme somptueux dans un ancien cinéma. Elle paye des patrouilles d'agents de sécurité, qui sillonnent les rues de Times Square dans un uniforme bleu semblable à celui des vrais policiers, et des balayeurs, anciens « homeless » (SDF) que l'on réhabilite par le travail. (...). De 1992 à 1998, le nombre de meurtres est tombé de deux mille à six cents par an » conclut le reporter. Si le niveau de la violence a diminué, au point de faire rêver les maires français, les conditions de cette réussite sont des plus contestables. Les pauvres ont été chassés des beaux quartiers, la délation est préconisée et les bavures policières (10 000 agents engagés depuis 1992) se sont multipliées. Ce développement des pratiques sécuritaires ne pouvait pas ne pas s'affirmer dans le champ urbain new-yorkais. Architecte-paysagiste, Kathleen de Monicault, a travaillé pour l'office de logement de la ville de New-York (un organisme dépendant de l'Etat fédéral) entre 1991 et 1995. De sorte qu'elle fut une actrice privilégiée de cette dilution du pouvoir de l'ordre dans le corps social. « Aujourd'hui, confie-t-elle, il n'y a plus de domaine public à New-York. Au nom de la sécurisation et parce que la ville n'a pas les moyens d'entretenir ses espaces publics, tout a été privatisé. De nombreux parcs et une trentaine de rues sont gérés par des structures semi-privées, souvent tenues par des commerçants. Cette privatisation touche des domaines aussi variés que le ramassage des ordures, les stationnements automobiles ou un certain nombre de l'effectif policier. L'office d'HLM dans laquelle je travaillais s'était, elle aussi, engagée sur la voie de la privatisation des espaces alentours. Et elle avait, elle aussi, ses services de police ».

En 1997, une évaluation de cette politique d'aménagement a été effectuée dans sept quartiers de la ville : Vladeck I, Vladeck II, Riis, Tilden, Jackson I, Jackson II et Brownsville. Il s'agissait de vérifier les effets de la prévention environnementale sur le plan de la « violence sur les personnes et la violence sur les objets » à travers trois aspects : la surveillance naturelle (assurer la visibilité par l'orientation, la transparence et l'éclairage ; assurer une masse critique de personnes et activités légitimes par la programmation et la qualité), le contrôle naturel d'accès (définition du lieu) du public vers le privé et identification des usagers légitimes) et la programmation des activités légitimes (bien définir la fonction de chaque lieu et éviter les conflits d'usage). Au final, cette action a été positive dans quatre quartiers (Vladeck I et II, Tilden et Jackson II). Ailleurs, elle n'a pas eu d'effet. D'après Kathleen de Monicault, « deux critiques ont été faites à cette politique de sécurisation. Premièrement, l'office a trop compté sur la surveillance naturelle. Deuxièmement, elle s'est trompée en appliquant une même solution pour des problèmes différents. La surveillance physique ne suffit pas pour faire diminuer la violence, il faut aussi faire du social ». Cette mise en perspective à travers le cas américain est d'autant plus intéressante qu'elle montre les limites de la ville clôturée. Elle est même rassurante car elle témoigne d'une réalité insoupçonnable : la violence est un phénomène complexe dont la réponse est essentiellement politique.

## Une lecture monolithique des faits sociaux

Considérant qu'il est difficile de tirer un idéal du cas américain, il convient également de rejeter avec force les termes du débat actuel sur la ville du futur. Ni un objet d'architecte, de paysagiste ou d'ingénieur, la ville doit rester à l'échelle de ses habitants. Le territoire doit être pensé aux hasards de leur sensibilité, de leur imagination et, pourquoi pas, de leur fantaisie poétique. L'imagination populaire offre un matériau de conception de la ville capable de suggérer des solutions de gestion de sa mutation. Par ailleurs, il faut cesser d'appréhender les banlieues populaires en contrechamp et de porter sur ses habitants un regard continu d'anthropologue, de celui qu'on pose sur les sociétés primitives. Nous avons vu, tout au long de cet ouvrage, que les banlieues populaires renferment l'ensemble des contradictions et des déficits de la société moderne : repli sur soi, communautarisme, détresse familiale et violence dans les relations. Or, ce diagnostic de la déficience, efficacement relayé par les médias et les sciences sociales, est un postulat établi par le regard monolithique de la classe dirigeante. Au point que cette construction a fini par transformer les banlieues populaires en objets négatifs. Aussi, comment ne pas s'interroger ? Et si ces territoires qu'on dit en crise étaient des passages obligés vers une sorte de postmodernité ? Lorsqu'on analyse, par exemple, un certain nombre de faits sociaux, il apparaît que les problèmes sont trop souvent posés en des termes contestables. En cela, la lecture sociologique des comportements individuels est un indicateur efficace pour analyser le mauvais traitement infligé aux banlieues.

Prenons la consommation des drogues dures. Chez elles, cette pratique est perçue comme la réponse appropriée aux difficultés de tout ordre endurées par ses habitants. A l'inverse, l'absorption de ces substances par les métropolitains est assimilée à une conduite hyper-moderne. Il suffit d'observer le débat sur la dépénalisation du cannabis, revendiquée par ses consommateurs mondains au prétexte de casser son marché et d'une dangerosité moins aiguë que celle de l'alcool, pour s'en convaincre. Attention, il ne s'agit pas ici de débattre de la pertinence d'une telle revendication. Seulement, supposons que des associations de jeunes habitants des banlieues populaires pétitionnent pour cette dépénalisation. Qui peut croire que les faiseurs d'opinion entendraient leur demande avec les mêmes préjugés favorables que ceux accordés aux mondains ? Autre double lecture d'un fait sociologique, l'analyse de la « monoparentalisation » des familles. Décrites dans les banlieues populaires comme un éclatement des structures familiales, consécutif à une détérioration de leur niveau socio-économique, les familles monoparentales sont présentées dans les grandes villes comme un nouveau modèle de recomposition familiale à l'aube du XXIe siècle. Dans le premier cas, on plaint ces jeunes femmes qui se retrouvent seules et démunies avec leurs progénitures. Dans le second, on vante ces familles formidables qui mêlent des frères et des demi-frères, des sœurs et des demi-sœurs, des mères et des belles-mères, ... Bien évidemment, on peut déplacer ce curseur de la double lecture sur des sujets d'actualité plus polémiques. Arrêtons-nous sur la violence à l'école. Nous avons vu précédemment qu'elle touche l'école des banlieues populaires. Or, ce phénomène atteint aussi des écoles mieux loties. « Cette évolution est récente, rend compte Robert Rivière, du rectorat de Lyon. Comme dans les établissements de banlieue, nous observons dans les écoles cotées un même phénomène de refus de la règle et de l'autorité. Il y a quelque temps, on a arrêté un gamin qui avait piqué un bus. Sur le coup, j'ai cru à une farce. L'enfant venait d'une couche sociale moyenne. Pour le moment, les chefs de ces établissements font tout pour que ces actes de violence se règlent discrètement de façon à ce que ces incivilités ne soient pas médiatisées. Il en va de l'image de leur école. Je crains pour ma part que cette violence n'augmente davantage dans les années à venir. »

Cet examen de la banlieue par la déficience a un corollaire : le traitement de faveur réservé aux classes bourgeoises du pays. Spécialistes français de la grande bourgeoisie, Michel Pinçon et Monique Pinçon-Charlot ne sont pas surpris par ce racisme de classe. « La bourgeoisie, notent-ils, est une classe qui est absente de la représentation sociale des observateurs, qu'ils soient sociologues ou journalistes. Elle a réussi en France ce coup de force de vivre à l'écart dans des beaux quartiers, d'élever ses enfants à l'écart des autres, etc. A telle enseigne que lorsque nous présentons nos travaux à nos confrères de l'IRESCO (Institut de recherche sur les sociétés contemporaines), ils se montrent étonnés par leur contenu. » Pour expliquer ce désintérêt des sciences sociales et des médias pour la classe dominante, la trajectoire individuelle des chercheurs comme celle des journalistes est un élément à prendre en considération. Recensant les motifs d'entrées en sociologie, Pierre Lassave répertoriait quatre raisons principales : compenser par une réflexion théorique sur la société la perte des illusions militantes de naguère ; goûter au fruit intellectuel défendu par la raison bourgeoise de la carrière ; trouver des clefs de compréhension, sinon de dépassement, de ses propres problèmes d'intégration sociale ; doter sa routine professionnelle d'un supplément d'âme. Est-ce que leur proximité socio-économique avec la population étudiée les contraint à protéger les privilégiés et à effectuer un contrôle social des habitants des grands ensembles ? Sans doute. Quant aux médias, l'état de fascination (de vassalité ?) vis-à-vis de la puissance de l'argent, traduit certainement cette attitude de déférence à l'égard des riches. Il suffit, pour s'en convaincre, de lire les palmarès des grandes fortunes que nous servent chaque année nombre d'entre eux ou, autre manœuvre hypnotique, les multiples reportages sur la fuite des riches à l'étranger dans des pays où l'impôt pèserait moins.

Ce traitement de faveur accordé à la classe dominante par les sciences sociales et les médias s'explique aussi par la censure qui la protège. Dans la présentation de leur enquête sur les grandes fortunes, Michel Pinçon et Monique Pinçon-Charlot font état « de courrier abondant et d'appels téléphoniques insistants par lesquels nous avons essayé d'obtenir l'autorisation d'accès aux déclarations fiscales de l'ISF (impôt sur la fortune), afin d'établir de nouvelles données statistiques (et qui) ont abouti à l'envoi par le service de l'Organisation et de l'Informatique de la direction générale des Impôts du ministère du Budget, de la photocopie des quatre pages consacrées par les Notes Bleues de Bercy à la ventilation par département du nombre d'assujettis et des montants payés en 1992 et 1993. Le ministère, révèlent-ils, a éludé la réponse que nous attendions, confirmant ainsi le caractère confidentiel et politiquement redoutable de la divulgation, même sous une forme anonyme, de la structure et de l'importance des grandes fortunes. » Cette propension à la bienveillance envers les riches ou à la surexposition des pauvres, ne pouvant se faire sans le soutien implicite des pouvoirs publics, - qui sont en matière de sciences sociales, les vrais décideurs des recherches à effectuer -, faut-il être surpris par sa pérennité quand la France n'a jamais eu autant de gouvernements de gauche à sa tête qu'au cours de ces vingt dernières années ?

## Réhabiliter l'architecture

Quel avenir pour les banlieues populaires ? D'évidence, il implique la participation d'acteurs aujourd'hui réduits à un simple rôle d'observateurs symboliques. Les architectes, tout d'abord, injustement condamnés par l'opinion pour leur rôle actif dans la construction des banlieues. Tous n'ont pas adhéré au mouvement « zupien » des années 1950-1960 et tous ne se sont pas fourvoyés dans les théories demi-savantes qui exaltaient la révolution urbaine à travers le renouveau de la citoyenneté . Pour l'heure, ils vivent en marge des projets urbains et sont les faire-valoir des élus locaux. Il est primordial de rendre à l'architecte son utilité sociale, une fonction que le grand public, comme le politique d'ailleurs, ne lui reconnaissent plus désormais. Afin de créer les conditions d'une « architecture (qui) redécouvre son originel d'artisanat social », selon la définition éclairée de Yves Boisvert, il faut qu'ils acceptent d'accorder au logement social le même intérêt que celui offert aux projets haut de gamme. Ainsi, on peut noter, - et regretter -, que l'Equerre d'Argent, le premier prix d'architecture décerné par la revue du bâtiment et des travaux publics, *Le Moniteur*, consacre principalement des constructions de prestige. Le palmarès des huit dernières années a distingué : l'Opéra de Lyon, construit par Jean Nouvel, en 1993; le stade parisien de Charléty, construit par Henri et Bruno Gaudin, en 1994; la Cité parisienne de la Musique, construite par Christian de Portzamparc, en 1995; le musée de la civilisation celtique au Mont-Beuvray, construit par Pierre-Louis Faloci, en 1996; le palais des beaux-arts de Lille, construit par Jean-Marc Ibos et Myrto Vitart, en 1997; une maison privée à Bordeaux, construite par Rem Koolhass, en 1998; la passerelle parisienne de Solférino, construite par Marc Mirmam, en 1999; un centre sportif parisien, restructuré par Philippe Gazeau, en 2000. La lecture de ce palmarès est d'autant plus saisissante que les banlieues populaires ont été le théâtre de nombreuses opérations architecturales durant les deux dernières décennies. Comment expliquer la dévalorisation de ces réalisations ? Par la mauvaise qualité des constructions banlieusardes ou, plus sûrement, par l'expression d'un racisme de classe ? Membre permanent du jury du *Moniteur,* le critique Jacques Lucan a écrit, il y a quelques années, que « la banlieue n'est pas une ville ». Et l'architecture des banlieues populaires n'a pas de rapport à l'architecture, est-on tenté d'ajouter. Cette édification d'une ligne de partage entre une architecture noble, celle qui a trait aux monuments, et une architecture primitive, celle qui a trait aux hommes, est affligeante. Est-ce que le souci de l'élégance des lignes doit conduire l'architecture à rester insensible à cette tâche généreuse qu'est l'engagement dans le logement social ? Sûrement pas. Aussi, l'architecture doit développer des capacités de production et d'imagination propres à rendre une place éminente à la banlieue populaire. Quant aux architectes réfractaires à la chose sociale, peut-être faut-il leur rappeler les conseils de Lewis Mumford. « La mission de la cité future est de (...) réconcilier l'homme avec son moi profond et avec l'univers dans son ensemble. »

L'avenir des banlieues populaires passe aussi par l'inscription de l'art dans les opérations de revitalisation urbaine. Ce concours s'impose d'autant plus que l'industrialisation a gangrené notre environnement et l'a transformé en un espace froid et faussement transparent. On moque les banlieues populaires et leurs tours sales, grises et laides, mais il n'est pas sûr que la splendeur du vrai, puisque c'est de cela qu'il s'agit, est dans tout l'éclat de Paris, pour ne citer que celle dont on dit qu'elle est la plus « belle ville du monde ». Car ce que donne à voir Paris est un assemblage visible de monuments épais, entre lesquels, au-delà du visible, se trouvent cachées toutes les raisons de la mélancolie d'une cité gagnée par l'appétit de grandeur matérielle. Paris, comme de nombreuses « villes-monde », est désormais une oeuvre d'art avec ce que les hommes y ont mis de vanité, d'immobilisme et de disgrâce. S'il est dangereux de rendre désirables les banlieues populaires en leur fournissant les modèles métropolitains, il est urgent de leur donner une nouvelle identité. Actuellement, ces lieux pâlissent d'épuisement de n'être, selon l'opinion, que des « no man's land ». Or, l'art est un moyen capable de les faire renaître. Cette idée n'est pas nouvelle. Elle avait été défendue en mars 1952 par l'architecte américain Walter Gropius. « Pour s'engager sur une nouvelle voie d'expérimentation, avait-il déclaré, (...) notre société désintégrée exige la participation active de l'art, en tant que contrepartie indispensable de la science, pour en contrebalancer les effets analytiques (...) et pour donner à l'environnement social cette unité, base effective de toute culture, embrassant chaque objet, de la simple chaise à la maison de la prière ».

**Inventer une nouvelle sociologie**

Derniers acteurs indispensables aux banlieues populaires, les sociologues traversent une période de trouble. Au cours de ces dernières années, la crise urbaine a révélé des recherches marquées par des lectures erronées des mouvements sociaux. Deux facteurs expliquent les carences de la sociologie urbaine : la complexité du milieu urbain et, plus grave, leur parti-pris de la socialisation d'un problème politique. La ville a besoin d'une sociologie capable d'appréhender l'ensemble des rapports sociaux, leur nature, leurs codes et leurs valeurs. Surtout, la sociologie doit adopter une démarche analytique qui fait du doute la trame de son discours. Des recherches ne sont jamais aussi dangereuses que lorsqu'elles sont caractérisées par des approches subjectives, où les chercheurs attendraient des groupes sociaux la confirmation de leur raisonnement. Reste que les banlieues populaires imbriquent tant de données, - liées à l'histoire, l'ethnologie, l'anthropologie, la psychologie, la politique et l'économie -, qu'il est vain de vouloir les analyser avec une grille de lecture macro-sociale. Il n'est pas certain que la seule transformation des méthodes d'étude du terrain suffise à garantir une interprétation fidèle de la subjectivité de ses acteurs. Pour surmonter cette difficulté, peut-être faudrait-il inventer une nouvelle discipline scientifique capable de mieux appréhender un monde aussi complexe que celui des individus vivant des situations de grande précarité ? Cette opération est d'autant plus indispensable que la sociologie est consciente qu'elle n'a plus, -mais l'a-t-elle déjà eu ?- la capacité d'influer sur la société. Le fossé entre experts et décideurs politiques s'est élargi au cours de ces dix dernières années. D'après Claude Thélot, inspecteur général de l'Insee, cité par Nicolas Journet dans la revue *Sciences Humaines*, la raison de ce discrédit de l'expertise est à chercher « ni du côté des chercheurs, ni de celle des politiques, mais de la pression accrue des médias sur l'action politique : du coup, l'enjeu essentiel d'un avis d'expert n'est pas son adéquation aux faits, mais la réaction qu'il suscite dans l'opinion ». Ni un moyen d'action politique et ni un moyen de communication des blessures sociales au risque de n'être plus qu'un objet qu'on instrumentalise pour émouvoir le grand public (voir sur ce point l'ouvrage dirigé par Pierre Bourdieu, « *La misère du monde* »), la sociologie doit choisir son rôle : être un acteur ou être un observateur.

## Les tentatives de civilisation des pauvres

Cependant, l'action de ces différents acteurs, indispensables à la ville en crise, aura peu de sens si les habitants sont réduits au silence. Hier, les projets urbains étaient façonnés par l'Etat et les communes. Aujourd'hui, sous l'effet de la décentralisation, ils sont l'œuvre de l'Etat, des municipalités et des conseils généraux et régionaux. Les résidents des banlieues populaires ne sont toujours pas conviés aux débats dans ces entrelacs institutionnels. Ce mépris témoigne d'une volonté de garder symboliquement en clôture des populations matériellement discriminées et classées sous des dénominations stigmatisantes, - « immigrés », « casseurs »,

« exclus », « érémistes », « sauvageons ». Que va-t-il advenir de ces malfamés ? Va-t-on continuer à essayer de les civiliser en leur inoculant toujours plus de politique de la ville ? Ira-t-on, en cas d'échec de cette entreprise « civilisatrice », jusqu'à leur interdire l'entrée de nos métropoles ? La politique ayant plus que jamais basculé vers ceux qui ont quelque chose à défendre, excluant de la sorte ceux qui n'ont rien, la question de leur bannissement des métropoles se pose avec force aujourd'hui. Face au bulldozer de la norme, des individus résistent heureusement, avec leurs propres moyens, démontrant en cela d'étonnantes capacités à se reconstruire. Ainsi, l'économie n'est plus le régisseur exclusif des existences dans un certain nombre de quartiers de l'hexagone. Dans le quartier de la Rose des Vents à Aulnay-sous-Bois, par exemple, certains habitants ont mis en place une économie parallèle. Ici, une mère de famille effectue des travaux de repassage. Là, une autre confectionne des vêtements. Ailleurs, un automobiliste a transformé son véhicule en taxi. Au chômage depuis plusieurs années, ces personnes vivaient jusqu'alors grâce à des revenus sociaux. On objectera qu'il s'agit de travaux minables et qu'ils n'inclinent pas ces individus à sortir du peloton des miséreux. Seulement, ce phénomène révèle des individus capables de contrer les effets de la ségrégation et désireux de s'autogérer, même si ces travaux au noir ne les autorisent pas à vivre plus confortablement. Or, n'oublions pas, comme le signale avec à propos l'universitaire québécois Gilles Lavigne, que « la ségrégation n'est pas un effet ; ni de chocs culturels, ni même du racisme, mais (...) un instrument politique dans le sens de l'exercice du pouvoir, un instrument qui en permettant de contrôler la mobilité géographique assure un contrôle de l'organisation sociale. » Seule certitude : face à l'émergence de ces comportements « désaliénants », l'Etat inventera toujours de nouvelles politiques sociales capables de juguler ces attitudes protestataires.

## Conclusion

Nous avons tendance en France à ranger la ville sous des étiquettes poussiéreuses. Pour les uns, elle relève des questions environnementales. Pour les autres, elle a trait à des domaines techniques (ingénierie, architecture, etc.). Or, ce qui caractérise la ville, c'est sa dimension politique. Comme le rappelle avec raison le sociologue Edgar Morin, « parler de la ville, c'est tout simplement une façon géographique ou topologique de parler de la société toute entière ». Qu'observe-t-on ? Au cours de ces dernières décennies, tout a concouru à dépolitiser la ville. La privatisation rampante de l'espace public est significative de ce processus. Or, on ne débat pas d'un avenir commun dans un territoire frappé de discontinuité. Plus inquiétant, cette accumulation de segments privés finira, si on n'y prend pas garde, par écraser la ville publique. Au risque d'excéder, soulignons-le une nouvelle fois : la ville est un objet politique. A l'heure où la France traverse une crise identitaire, elle est le bon analyseur d'un pays malade de son recentrement sur soi. Parce que les formations politiques démocratiques du pays ont cessé d'être dominées par une idéologie, les partis nationalistes (qu'ils se disent souverainistes comme le RPF de Charles Pasqua ou qu'ils se situent à l'extrême droite comme les formations de Le Pen et Mégret) rassemblent autour d'eux un foyer important de sympathisants. Aux élections européennes du 13 juin 1999, leur score cumulé s'établissait à 22,3 %. Erigeant dangereusement la contestation et la négation de l'Autre, ce conglomérat de coteries a réussi à faire de la mélancolie collective un message moderne. Plus grave, cette tentation de l'obscurantisme s'est accompagnée d'une reviviscence des mythes fondés sur une histoire sécurisante. Nous assistons depuis quelques années à la célébration des figures historiques ancrées dans la mémoire de la Nation. Souvenons-nous de l'anniversaire du baptême de Clovis en 1996, - « Notre père à tous » selon l'hebdomadaire *L'Express* . Bien entendu, ce goût pour la commémoration fait l'affaire des nostalgiques. Dans un éditorial insupportable, l'hebdomadaire d'extrême droite *Rivarol* dénonçait alors le « recul de (notre) civilisation. C'est hélas, prétendait-il, ce que nous subissons à l'aube du troisième millénaire sans aucune certitude d'un avenir meilleur. Quinze siècles après le baptême de Clovis, notre pays est dans une situation plus tragique encore que celle que connaissait la Gaule envahie ».

De toute évidence, l'une des clés du règlement de la crise urbaine se rapportera à notre capacité politique à intégrer les populations noires et maghrébines. D'autant plus que leur présence en France est définitive. Pour l'heure, nous avons vu que le principal indicateur de cette intégration, la mixité sociale, est un vœu mort et enterré. Même ses derniers utopistes ont perdu la force d'y croire lors du piteux débat parlementaire au printemps 2000 sur « la solidarité et le renouvellement urbains ». Que faire pour que le pays réussisse à surmonter ses particularismes ? De toute évidence, éviter le vertige de la déraison qui a gagné des esprits jusque-là lucides. Tel celui du géographe Yves Lacoste qui, en voulant donner l'alarme, sème la confusion.

« En France, si certains groupes islamistes, après les échecs qu'ils ont récemment subis, semblent avoir renoncé pour le moment à mener des actions terroristes pour faire pression sur le gouvernement français, il est plus que probable qu'ils recommenceront, en étant mieux avertis, plus habiles et plus nombreux. La vague d'attentats risque alors d'être plus longue. (...) Dans un tel engrenage pourraient éclater, de façon plus ou moins spontanée et simultanée, de grandes émeutes dans les quartiers, où les musulmans sont devenus majoritaires et leaders, des mouvements pouvant rassembler des dizaines de milliers de personnes dans les localités de banlieue des grandes agglomérations, mais aussi en centre-ville, comme c'est le cas à Marseille. (...) De grandes émeutes ou de véritables insurrections peuvent rapidement se propager d'une ville à l'autre, à la nouvelle d'un événement dramatique, par exemple une opération de police qui a mal tourné ou un attentat raciste provoquant de nombreuses victimes, ou hors de France, le déclenchement d'une guerre entre Israéliens et Palestiniens. Ces insurrections urbaines, dont les spécialistes ont pu s'entraîner à Beyrouth et ailleurs, pourraient avoir des conséquences politiques incalculables. C'est le plus grand péril géopolitique en France ». Entre les propos de Yves Lacoste et ceux tenus par Jean-Marie Le Pen en juin 1991 à Londres dans le cadre d'une réunion de groupe technique des Droites européennes ( « La situation d'envahissement probable de nos territoires par des foules étrangères peut déboucher sur une logique de guerre » ), la frontière est ténue. Comment ne pas regretter ces similitudes de raisonnement ?

## Contre la France frileuse

Au jeu insensé de la malédiction qui n'a jamais cessé de peser sur elle, il semble que notre « vieille » France s'est toujours trouvée dans des postures frileuses. Nul besoin de remonter à travers les ans les plus reculés pour observer cette passion de la peur. A l'aube des années 1960, le philosophe Paul Ricoeur diagnostiquait déjà dans la revue *Esprit* ce mal français. « C'est un fait, considérait-il, toute culture ne peut supporter et absorber le choc de la civilisation mondiale. Voilà le paradoxe : comment se moderniser, et retourner aux sources ? Comment réveiller une vieille culture endormie et entrer dans la civilisation universelle ? » La crise urbaine a révélé des désordres internes et objectivé un ensemble de fractures interdépendantes : l'exclusion, l'individualisme, le racisme et le nationalisme. Les imperfections du mondialisme ont altéré les progrès de la conscience et créé les conditions d'endoctrinement des laissés-pour compte économiques par les mouvements de type national-populiste.

Longtemps, les banlieues populaires furent un point d'appui pour les sombres desseins de l'extrême droite. Ses militants n'ont eu de cesse d'arpenter les tours abandonnées par les élus de gauche et de droite, pour qui l'éloignement du terrain devient, d'une élection à l'autre, un peu plus fatal. Si l'éclatement de l'extrême droite et ses frasques dans la gestion de ses communes (Toulon, Marignane, Vitrolles et Orange) ont exténué l'ardeur de ses principes moraux (« mains propres et tête haute » fanfaronnait ses chefs), la faiblesse de ses résultats européens de juin 1999 et municipaux de mars 2001 ne doit pas nous amener à conclure à la mort des partis extrémistes. Ou au dépérissement de leurs idées. La faiblesse croissante de la participation dans les banlieues populaires est incontestablement le miroir parabolique de cet affaissement. Nos gouvernants ont une lourde responsabilité dans l'inscription du populisme dans le champ politique. François Mitterrand, Jacques Chirac, Valéry Giscard d'Estaing, Michel Rocard, Charles Pasqua, Pierre Lelouche, mais aussi Georges Frêche et Laurent Fabius, sont parmi ceux qui ont failli dans l'explication et la gestion de cette « crise » des villes. Quant aux partis de la droite traditionnelle, ils ont, peu ou prou, adopté la rhétorique raciste de l'extrême droite dans le domaine de l'immigration et du traitement de la violence urbaine. Le rapport remis en avril 1996 à Philippe Séguin, alors à la tête de l'assemblée nationale, sur « l'immigration clandestine et les séjours irréguliers d'étrangers », le compte-rendu remis à Alain Juppé, alors Premier Ministre en avril 1996 sur « la situation et le devenir des foyers de travailleurs immigrés », sans oublier, enfin, la loi « Debré » relative à l'immigration sont des traductions softs des copies dangereuses du Front National. Jusqu'où s'élèvera le national-populisme en France ? La question est en suspens et justifie toutes les craintes.

Dans une France en crise, la ville est devenue le lieu de la rage identitaire. Ce besoin d'exister mieux se développe à mesure que la puissance publique se fait répressive. Mais le système de contrainte mis en place par l'Etat afin de maîtriser le champ social montre aujourd'hui des signes d'essoufflement. La production élevée d'articles de lois, le harcèlement policier, la vidéo-surveillance n'effraient plus les jeunes résidents des banlieues populaires. Ils ne grandissent plus avec l'espoir de la réussite sociale. Plus grave : leurs bouches sont pleines de haine : contre l'Etat, l'ANPE, l'école, les médias, les entreprises, la police et la justice... . Les émeutes urbaines et les actes de violence se multiplient. En 2001, ces jeunes font peur. Le clivage socio-politique entre les partisans de la répression et les militants de la prévention n'existe plus. Le débat ne porte plus sur l'attitude à adopter vis-à-vis des jeunes rebelles mais sur le niveau des punitions. L'heure est aux censeurs et chaque segment de la société s'estime en droit de donner de la voix. Fait lamentable, les intellectuels parisiens se sont invités à cette opération de redressement, donnant libre champ à leurs éructations verbales. L'équipe symbole de cette croisade vertueuse est sans conteste constituée par un groupe de clercs aux parcours sensiblement différents : les écrivains Régis Debray et Max Gallo, l'historien Jacques Julliard, la philosophe Blandine Kriegel, le directeur de la revue *Esprit* Olivier Mongin, l'historienne Mona Ozouf, l'ancien ministre communiste Anicet le Pors et l'ancien directeur d'*Esprit* Paul Thibaud. Dans un texte au titre attrape-tout (« Républicains, n'ayons plus peur ! »), ils se prêtèrent avec beaucoup de complaisance au diagnostic à la petite semaine. « Une fois liquéfiées les autorités d'ascendance, de compétence, de commandement et enfin de métier, dont la succession réglée permettait naguère l'intégration des jeunes défavorisés et des nouveaux arrivants, ne restent plus, en terrain vague, que des individus désintégrés, livrés aux nationalismes de quartier ou de cité, aux solidarités viscérales de la communauté ou de la bande, aux prestiges du caïd et de l'argent facile, aux mirages virtuels et télévisuels. Le tout dans l'ignorance totale de nos institutions, de l'existence d'un cadre juridique et de l'idée même de la loi ». Parce que l'évolution des banlieues populaires leur est incompréhensible, leurs insuffisances les amènent à demander des mesures réactionnaires. « C'est en tendant vers une tolérance zéro face à la petite incivilité qu'on pourra remédier à l'incivisme en grand. La « sauvagerie en ville » commence à l'arrachage des boîtes aux lettres, au piétinement des plates-bandes municipales et au tag des murs d'école repeints à neuf. La « violence à l'école » commence au tutoiement du professeur, à l'usage du baladeur sous les préaux et à la tenue délibérément provocante des élèves en cours, garçons et filles ».

Faut-il s'étonner de ces délires verbaux quand la société dans son ensemble est prête à sacrifier sa liberté au nom de sa sécurité, prétendant que l'un ne peut aller sans l'autre ? Faut-il s'étonner de ces égarements quand des voix réclament un durcissement des sanctions à l'encontre des mineurs, dont on oublie qu'ils sont encore des enfants ? Puisque d'aucuns persistent à observer nos banlieues populaires à travers le miroir déformant qu'est le sous-continent étasunien et qu'on veuille à tout prix châtier les « démons », jetons un oeil sur quelques-uns des nouveaux châtiments appliqués là-bas, relevés par le chercheur canadien André Normandeau. « La punition par l'humiliation (« shaming penalty ») : voici la dernière peine à la mode aux Etats-Unis, une sorte de peine de démonstration autant que de substitution. Et elle fait fureur. Cela s'appelle le châtiment de la honte. Le principe en est fort simple : tout condamné, pour des « faits mineurs », aura la « réputation tranchée ». Il devra donc s'en aller, par les rues de sa ville ou de son village, purger sa peine d'opprobre collective. Il y affichera ses méfaits sur pancarte, homme ou femme-sandwich de ses propres turpitudes. Il « acceptera » que la presse raconte largement ses écarts, sa honte et son repentir. Il déclamera « urbi et orbi » ses méfaits, ses regrets et l'absolue détermination qu'il a désormais de réemprunter le droit chemin de l'honnêteté, de la morale et du civisme. (...). Le retour des travaux forcés (les « chain gangs ») : au 31 août 1997, quatorze Etats américains le permettent de nouveau, tous situés dans le sud. La réaction du public américain est largement favorable, car, malgré certaines difficultés pratiques, l'objectif visé est définitivement celui d'un travail « utile » à la société, en particulier l'entretien des routes et le nettoyage des parcs et des lacs nationaux, par exemple. » Contrairement aux inquiétudes fréquemment exprimées, une grande partie des contestations juvéniles est le signe d’une énergie à la recherche d’une reconnaissance, « une ultime réaction vitale » selon la belle formule de Jean Baudrillard. Nous devons écouter ces plaintes.

Quoi qu'on dise, la révolte est une réaction saine et porteuse d'espoir. Albert Camus l'assimilait à une résistance. C'est une évidence qui « tire l'individu de sa solitude, soulignait-il. Elle est un lieu commun qui fonde sur tous les hommes la première valeur. Je me révolte, donc nous sommes. »

Crise des banlieues populaires et déclin d'une France fondée sur l'universalité : les deux phénomènes sont liés de manière inéluctable. La France ne réussira à s'arracher à sa profonde léthargie psychosociale que lorsqu'elle cessera de socialiser ses impasses politiques. Aussi, au moment où son équilibre menace de rompre sous le poids de ses défections, rappelons-nous quelques mots de l'historien Fernand Braudel, un homme qui l'a narrée comme personne. « Qu'entendre par identité de la France ? Sinon une sorte de superlatif, sinon une problématique centrale, sinon une prise en main de la France elle-même, sinon le résultat vivant de ce que l'interminable passé a déposé patiemment par couches successives, comme le dépôt imperceptible de sédiments marins a créé, à force de durer, les puissantes assises de la croûte terrestre ? En somme un résidu, un amalgame, des additions, des mélanges. »

## Bibliographie


***Les ouvrages cités***

Accardo Alain (sous la direction de) « Journalistes précaires », Bordeaux, Le Mascaret, 1998

Amlouk Abdelkader, Kaïs Hadidi, Laoukiri Mustapha, N'mili Karim, Toumir Mounir « Phobos, les mal famés », Seuil, 1995

Aron Raymond « L'opium des intellectuels », Calmann-Lévy, 1955

Aubry Martine « Le choix d'agir », Albin Michel, 1994

Aubry Martine « Il est grand temps ... », Albin Michel, 1997

Bachmann Christian, Leguennec Nicole « Violences urbaines », Albin Michel, 1995

Behr Edward « Une Amérique qui fait peur », Plon, 1995

Boisvert Yves « Le monde postmoderne », L'Harmattan, 1996

Bordet Joëlle « Les jeunes de la cité », PUF, 1998

Bousquet Richard « Insécurité : nouveaux risques », L'Harmattan, 1998

Boyer Henri, Lochard Guy « Scènes de télévision en banlieues », INA, L'Harmattan, 1998

Braudel Fernand « L'identité de la France », trois volumes, Artaud-Flammarion, 1986

Burel Paul, Tatu Natacha « Martine Aubry : enquête sur une énigme politique », Calmann-Lévy, 1997

Busino Giovanni « La sociologie, sens dessus dessous », Librairie Droz Genève. Paris, 1992

Camus Albert « L'homme révolté », Gallimard, 1951

Clerc Paul « Grands ensembles, banlieues nouvelles », Centre de recherche d'urbanisme et INED, P.U.F, 1967

Denton Nancy A. et Massey Douglas S. « American apartheid », Descartes et Cie, 1995

Frêche Georges « La France ligotée », Belfond, 1990
Garnier Jean-Pierre « Des barbares dans la cité », Flammarion, 1996
Gleizal Jean-Jacques « Le désordre policier », P.U.F., 1985
Godard Francis, Pumain Denise (coordonnés par) « Données urbaines », Economica & Anthropos, 1996
Le Goff Olivier « L'invention du confort », Presses universitaires de Lyon, 1994
Gropius Walter cité par Leonardo Bénévolo in « Histoire de l'architecture moderne », Tome III, Dunod, 1987
Hegel Frederich « Phénoménologie de l'esprit », Aubier-Montaigne, 1939
Guattari Félix in « Un autre partage », Homme, ville, nature ; Erès, 1993
Illitch Ivan « Une société sans école », Seuil, 1971
Jazouli Adil « Une saison en banlieue », Plon, 1995
Jospin Lionel « L'invention du possible », Flammarion, 1991
Joxe Pierre « Parti socialiste », EPI, 1973
Julien Claude « Le suicide des démocraties », Grasset, 1972
Képel Gilles « A l'ouest d'Allah », Seuil, 1994
Khosrokhavar Fahrad « L'islamisme et la mort », L'Harmattan, 1995
Khosrokhavar Fahrad « L'islam des jeunes », Flammarion, 1997
Lassave Pierre « Les sociologues et la recherche urbaine », Presse universitaire du Mirail, Toulouse, 1997
Lhomme Jean « La grande bourgeoisie au pouvoir (1830-1880) », PUF, 1960
Malik Serge « Histoire secrète de SOS Racisme », Albin Michel, 1990
Mangez Caroline « La cité qui fait peur », Albin Michel, 1999
Molaro Christian « Violences urbaines et violences scolaires », L'Harmattan, 1998
Monet Jean-Claude « Polices et sociétés en Europe », La Documentation Française, 1993
Mongin Olivier « Vers la troisième ville ? », Hachette, 1995
Mumford Lewis « La cité à travers l'histoire », Seuil, 1963

Niveau Maurice « Les politiques et l'école », ESF, 1996
Orfali Brigitte « L'adhésion au Front national », Kimé, 1990
Parent Claude « L'architecte, bouffon social », Casterman, 1982
Parti socialiste (programme de gouvernement) « Changer la vie », Flammarion, 1972
Paugam Serge (sous la direction de) « L'exclusion, l'état des savoirs », La Découverte, 1996
Piaget Jean « Où va l'éducation ? », Folio essais, 1988
Pigeat Henri « Médias et déontologie », P.U.F., 1997
Pinçon-Charlot Monique, Pinçon Michel « Grandes fortunes », Payot, 1998
Pronier Raymond « Les municipalités communistes », Bilan de 30 ans de gestion ; Balland, 1983
Salomon Jean-Jacques « Sciences et politique », Seuil, 1970.
Schwartz Laurent in « La France en mai 1981 », La Documentation Française, 1981
Volle Michel « Le métier de statisticien », Economica, 1984

***Les revues citées***

Lordon Frédéric in « Annales », Armand Colin, Janvier-Février 1997
Baberger Cécile in « Autrement », n°5, Septembre 1992
Begag Azouz « Place du Pont ou la médina de Lyon », Autrement, Hors-série n°96, Janvier 1997
Castro Roland in « Autrement », Collection Mutations, n°165-166, Septembre 1996
Désir Harlem in « Autrement », Collection Mutations, n°165-166, Septembre 1996
CNRS Infos n°373, Avril 1999
DARES n°8, Août 1999, La Documentation Française
Normandeau André in « Droit pénal », n°3-4 1998, Editions Cujas
Economie et statistiques, n°294-295
Esprit, Octobre 1961 et Février 1995
Etudes, Juin 1996
Yves Lacoste in « Hérodote », 1er trimestre 1996
INSEE Rhône-Alpes, Mars 1995 et Juin 1995

Politix, n°34, 2ème trimestre 1996
Problèmes économiques, n°2. 515, 9 avril 1997
Sciences humaines, Hors-série n°25, Juin-Juillet 1999
Urbanisme, Septembre-Octobre 1995, Janvier-Février 1996, Juillet-Août 1997, Novembre-Décembre 1997, Janvier-Octobre 2000, Mai-Juin 2000 et Janvier-Février 2001

***Les rapports cités***

« De l'école au collège de secteur, Ailleurs on réussit mieux », Quel évitement ? ; Enquête réalisée en 1991 par Farid Hadjab, chargé de mission à l'observatoire de la réussite scolaire de Vaulx-en-Velin
« L'islamisme », Les dossiers de l'état du monde, La Découverte,1994
« La cité interdite ? », La tribune du commissaire de police, Décembre 1995
« Banlieues : les nouvelles frontières intérieures », Rapport de synthèse ; Adil Jazouli, Octobre 1992
« L'espace social francillien, Hauts-de-Seine », INSEE, CAF, Octobre 1995
« Acteurs et partenaires dans les quartiers », Table ronde du 18 janvier 1996, Nantes Habitat
« La politique de développement social urbain de la ville de la Mée-sur-Seine », Rapport d'évaluation du DSQ du quartier des Courtilleraies (1990-1993), CREDOC
« Observatoire national de la pauvreté et de l'exclusion sociale », Rapport 2000, La Documentation française, Novembre 2000
« Violence et déviances chez les jeunes », Rapport au directeur des lycées, présenté par Jean-Michel Léon, Octobre 1983
« Le rôle de l'école dans la prévention de la délinquance juvénile », Etude de Y. Bachy, A. Duner, J. Suelder et J. Selosse, Comité européen pour les problèmes criminels, Conseil de l'Europe, 1972
« Les politiques de la ville et le projet urbain », Volume I et II, Responsable scientifique : Yannis Tsiomis, Chargée de l'enquête : Isabelle Grudet avec la participation de Frédéric

Arnoult et Anne Molinier, Ministère de la Culture, Direction de l'Architecture, 1995
« L'opinion publique relative à la criminalité et à la justice pénale », Volume XVII, Comité européen pour les problèmes criminels, Strasbourg, 1979
« Evaluation du dispositif zones franches urbaines et zones de redynamisation urbaines », Tome I/II : Rapport présenté par Béatrice Buguet, Décembre 1998
« L'aménagement urbain et la prévention du crime : l'exemple anglo-saxon", Kathleen de Monicault, Institut des hautes études de la sécurité intérieure, Février 1999
« La progression de la précarité en France et ses effets sur la santé », Haut Comité de la Santé Publique, Ministère de l'Emploi et de la Solidarité, Secrétariat d'Etat à la Santé, Février 1998

***Les médias cités***

Alternatives économiques, n°148, Mai 1997
France Soir, 26 Juillet 1978, 2 Juillet 1983, 1 Avril 1996
Le Magazine Littéraire, Juillet-Août 1994
L'Evénement du Jeudi, 4 Avril 1995
L'Express, 10 Janvier 1996, 10 décembre 1998
Le Figaro Magazine, 25 Novembre 1995
Le Monde, n° sur l'Etat de la société, Mai 1981
Le Monde, 14 Janvier 1992, 6 février 1998, 4 Septembre 1998, 4 Mai 1999, 25 Mai 1999
Le Monde Diplomatique, Mars 1996
Le Nouvel Observateur, 26 Octobre 1995
Le Parisien, 25 Août 1995
Le Point, 2 Mars 1996, 16 Janvier 1999
Le Progrès de Lyon, 20 Avril 1992
Libération, 31 Mars 1998
Lyon Capitale, du 7 au 13 Mai 1997
Marianne, du 12 au 18 Octobre 1998
Marie-Claire, Juillet 1999
Télérama, n°2468, 30 Avril 1997

## Table des matières

**Avant-propos** ........................................................ 5
Canaliser les révoltes........................................................ 7

**Chapitre 1**
**Les lieux de divergence : l'école** ............................ 11
Une crise ancienne ........................................................ 12
L'impuissance de l'institution scolaire ..................... 16
Un nombre important de décrocheurs ....................... 19
La violence à l'école ...................................................... 23
L'indispensable réforme scolaire ............................... 28

**Chapitre 2**
**Les lieux de divergence : le travail**........................ 31
Le cas vaudais ................................................................ 32
La crise des règles de sociabilité ................................ 35
La zone franche, un leurre économique .................... 37
Des hommes interdits de travail ................................. 41
Les propositions du Commissariat général au plan ... 46

**Chapitre 3**
**Un objet de rupture : la politique** ............................ 51
L'erreur de la gauche...................................................... 54
Des élus peureux ............................................................. 55
Les dérives de Quartier Libre......................................... 58
La politique contre le citoyen........................................ 62
Le mythe du vote « beur »............................................. 66
La crise du pouvoir......................................................... 70

**Chapitre 4**
**Un objet de rupture : les médias** ............ 73
Des dérapages inquiétants ............ 75
Le choix de la photo spectacle ............ 78
Des faits-divers escamotés ............ 79
Le mythe des cités interdites ............ 81
La saga des violences urbaines ............ 83
Le divorce habitant/journaliste ............ 86
Des pratiques journalistiques à revoir ............ 88
La dérive des chercheurs médiatiques ............ 90

**Chapitre 5**
**Un objet d'équilibre : le quartier** ............ 97
Un lieu inaudible aux étrangers ............ 98
Les jeunes des cités ............ 101
Le mythe des ghettos ............ 103
De l'utilité de la démolition ............ 107
Normaliser les quartiers ............ 109
Le face à face jeunes/policiers ............ 112

**Chapitre 6**
**Un objet d'équilibre : l'islamisme** ............ 117
Aux origines de l'islamisme français ............ 119
Les impatiences de Khaled Kelkal ............ 123
L'avant et l'après de Slimane ............ 125
Des pratiques interdites ............ 127
Le devenir de l'islamisme français ............ 130

**Chapitre 7**
**Quel avenir pour les banlieues populaires ?** ............ 133
L'abandon probable des poches d'exclusion ............ 135
Les invisibles de la carte sociale ............ 139

**Chapitre 8**
**La responsabilité morale des métropoles** ............ 147
Les dégâts du Grand Lyon ............ 148
Paris peuple Epinay-sur-Seine ............ 152

**Chapitre 9**
**Quelles solutions pour ces villes ?** .......................... 157
Les errances des architectes français.......................... 160
Des villes vidéosurveillées.......................................... 163
Des espaces publics privatisés .................................. 166
Une lecture monolithique des faits sociaux .............. 169
Réhabiliter l'architecture.......................................... 173
Inventer une nouvelle sociologie .............................. 175
Les tentatives de civilisation des pauvres ................. 176

**Conclusion**.............................................................. 178
Contre la France frileuse ........................................... 180

**Bibliographie**.......................................................... 185

Achevé d'imprimer par Corlet Numérique - 14110 Condé-sur-Noireau
N° d'imprimeur : 5379 - Dépôt légal : mai 2001 - Imprimé sur DemandStream
Imprimé en UE